"十三五"高等院校数字艺术精品课程规划教材

教育部－时光坐标产学合作协同育人项目实践教材

全彩慕课版

# Photoshop CC

# 数字图像设计

**姜自立 姬海燕** 主编／**吉玲 刘涛** 副主编

U0277812

人民邮电出版社

北　京

**图书在版编目（ＣＩＰ）数据**

Photoshop CC 数字图像设计：全彩慕课版 / 姜自
立，姬海燕主编. -- 北京 : 人民邮电出版社，2020.6
"十三五"高等院校数字艺术精品课程规划教材
ISBN 978-7-115-54104-8

Ⅰ．①P… Ⅱ．①姜… ②姬… Ⅲ．①图像处理软件—
高等学校—教材 Ⅳ．①TP391.413

中国版本图书馆CIP数据核字(2020)第088779号

## 内 容 提 要

本书从平面设计的行业需求和实战角度出发，全面、系统地讲解了 Photoshop 在平面设计与制作方面的基本操作与核心功能，包括设计基础、操作入门、色彩校正、图层应用、矢量图绘制、文字设计、滤镜特效、通道抠图、自动化处理等内容，最后给出了两个综合实战案例进行知识巩固。全书以"知识技能+课堂案例"的形式串联技能要点，让读者通过实际操作快速掌握数字图像设计与制作的知识并领会设计思路。书中案例大多来自影视传媒公司的一线商业项目，紧跟行业流行趋势，有利于提升读者的学习兴趣、岗位技能和创作水平。

本书适合作为各类院校数字媒体艺术、数字媒体技术与应用、广告学等影视广告传媒类相关专业以及培训机构的教材，也可作为平面设计爱好者的参考用书。

◆ 主　编　姜自立　姬海燕
　　副主编　吉　玲　刘　涛
　　责任编辑　桑　珊
　　责任印制　王　郁　马振武
◆ 人民邮电出版社出版发行　　北京市丰台区成寿寺路 11 号
　　邮编　100164　　电子邮件　315@ptpress.com.cn
　　网址　https://www.ptpress.com.cn
　　北京天宇星印刷厂印刷
◆ 开本：787×1092　1/16
　　印张：10.5　　　　　　　　2020 年 6 月第 1 版
　　字数：272 千字　　　　　　2024 年 9 月北京第 9 次印刷

定价：59.80 元

读者服务热线：(010)81055256　印装质量热线：(010)81055316
反盗版热线：(010)81055315
广告经营许可证：京东市监广登字 20170147 号

# FOREWORD ———————————— 前言

　　随着网络短视频的兴起，数字图像设计不再局限于静态的平面图像处理和矢量图形绘制，微动效和H5制作已经成为平面设计新的内容。Photoshop作为一款应用非常广泛的图像处理软件，越来越多地应用于平面设计、广告摄影、网页制作、影像创意等领域。

　　本书从平面设计的行业需求和实战应用的角度出发，全面、系统地讲解了Photoshop在数字图像设计方面的基础操作与核心技术。全书共分为10章，第1章设计基础，主要介绍平面设计的常用术语和应用领域；第2章操作入门，主要介绍Photoshop软件的工作界面和文件基本操作；第3章色彩校正，主要介绍图像调色的方法；第4章图层应用，介绍了图层的基础知识及蒙版的应用；第5章矢量图绘制，介绍了矢量工具的使用方法；第6章文字设计，介绍了文字工具的使用及异形文字效果的制作方法；第7章滤镜特效，介绍了Photoshop软件中滤镜的使用技巧；第8章通道抠图，介绍了利用通道进行抠图的方法；第9章自动化处理，介绍了动作及批处理的应用；第10章综合实战，通过两个完整的商业项目实例，对平面图像设计的工作流程进行完整的实战演练，有利于综合提高读者的岗位技能和创作水平。

　　本书以"知识技能+课堂案例"的形式安排知识点，结构清晰，案例丰富。

　　（1）在每一章的开头安排了"本章导读""知识目标"和"技能目标"，对各章需要掌握的学习要点与技能目标进行提示，帮助读者理清学习脉络，抓住重难点。

　　（2）在正文部分通过知识讲解与"课堂案例"，对数字图像处理技术进行详细讲解。课堂案例都给出了详细的操作步骤，图文并茂，讲解清晰，通过案例帮助读者强化知识体系，领会设计意图，提高实战能力。书中的案例大多来自影视传媒公司的一线商业项目，紧跟行业流行趋势，有利于提升读者的学习兴趣，提高岗位技能和创作水平。

　　（3）在章节最后安排的课后习题，用于巩固本章所学知识，帮助读者加深对知识点的理解，拓展对Photoshop软件操作的实践与应用能力，进一步掌握符合实际工作需要的数字图像处理技能。

　　本书提供立体化的教学资源，书中所有的课堂案例和课后习题均提供原始素材和源文件，配套高质量教学视频、精美教学课件和章节教案等教学文件。对于操作性较强的知识和实践案例，读者可以通过观看视频来强化学习效果。

　　本书作为教育部时光坐标产学合作协同育人项目——"数字媒体艺术创作"教学内容和课程体系改革的成果，由来自高校教学一线的教学经验丰富的专业教师和来自时光坐标影视传媒公司行业一线的具有多年影视创作实践经验的设计师合作撰写完成。本书由姜自立、姬海燕任主编，吉玲、刘涛任副主编，并邀请季秀环、李奕霏、白良等一线教师、行业人员参与了教材的创意设计及部分内容编排工作，使教材更符合行业和企业的标准；书中所有的案例和习题均经过院校老师和学生上机测试通过，力求使每一位学习本书的读者都可获得成功的乐趣。

　　本书全面贯彻党的二十大精神，以社会主义核心价值观为引领，传承中华优秀传统文化，坚定文化自信，使内容更好体现时代性、把握规律性、富于创造性。

　　本书编写过程中，我们力求精益求精，但难免存在疏漏之处，敬请广大读者批评指正。

编　者

2023 年 5 月

# Photoshop

CONTENTS ——————————————— 目录

— 01 — — 02 —

# Photoshop

═─ 03 ─═

═─ 04 ─═

## 第3章 色彩校正

## 第4章 图层应用

═─ 05 ─═

## 第5章 矢量图绘制

# CONTENTS 目录

## —07—

## 第 6 章　文字设计

## 第 7 章　滤镜特效

# Photoshop

# 01

# 第1章

# 设计基础

▶ **本章导读**

　　Photoshop 作为 Adobe 公司推出的一款应用非常广泛的平面图像处理软件，越来越多地应用于平面设计、广告摄影、网页制作、影像创意等领域。本章从 Photoshop 的应用领域开始，介绍平面设计中关于图像像素、分辨率、图像类型、图像格式等设计基础知识。

**知识目标**

● 熟悉 Photoshop 的应用领域

● 掌握图像处理的基本概念

● 熟悉常见的图像文件格式

**技能目标**

● 区分位图与矢量图

● 能根据设计需要保存不同格式的图像文件

● 体会与分析平面设计作品的创意

设计基础

# 1.1 Photoshop 的应用领域

Photoshop 是平面设计领域的重要产品，由于其强大的图像处理功能，深受广大平面设计爱好者的青睐。Photoshop 的应用领域非常广泛，主要包括图像处理类、平面设计类、数字绘画类 3 个领域。

## 1.1.1 图像处理类

随着计算机、数码相机和智能手机等数字化产品的普及，人们可以随时随地对身边的人物、风景、美食等进行拍摄。然而由于技术、环境等各种原因，随手拍摄的照片往往并不是那么完美，或者总是觉得不够"专业"。因此，美图、修图，然后发朋友圈，成为时下许多爱美人士必做的事情。修图，或者说图像处理，是 Photoshop 软件非常基础、强大的功能。无论是生活中数码照片的修饰，还是婚纱照设计（见图 1-1）、产品广告设计（见图 1-2）、影像创意设计（见图 1-3）、电影海报设计（见图 1-4）等都会用 Photoshop 软件进行图像处理工作。

图 1-1

图 1-2

图 1-3

图 1-4

## 1.1.2　平面设计类

　　Photoshop 在平面设计领域应用非常广泛,包括海报设计( 见图 1-5 )、书籍装帧设计( 见图 1-6 )、广告设计 ( 见图 1-7 )、交互界面设计 ( 见图 1-8 ) 等。

图 1-5

图 1-6

图 1-7

图 1-8

## 1.1.3　数字绘画类

　　Photoshop 软件虽然是图像处理软件，但在矢量图形绘制方面毫不逊色。Photoshop 的矢量绘制工具可进行 Logo 图标设计（见图 1-9）、艺术字设计（见图 1-10）及插画制作（见图 1-11）等。

图 1-9

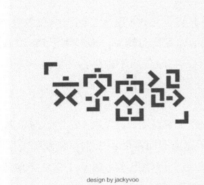
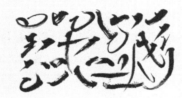

图 1-10

图 1-11

## 1.2 像素与分辨率

### 1.2.1 像素

像素是组成图像的基本单位，以一个单一颜色的小方格形式存在，每个像素都有明确的色度、高度和位置等信息。像素是组成图像的最小单位，不能够再切割成更小的刻度或元素。不同像素之间排列成点阵，每一个点阵图像包含了一定量的像素，这些像素决定了图像在屏幕上的呈现形式，如图 1-12 所示。

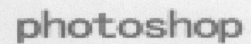

图 1-12

### 1.2.2 分辨率

在图像处理中，分辨率通常指的是图像分辨率、显示分辨率和输出分辨率等。

**1. 图像分辨率**

图像分辨率指图像中存储的信息量，是每英寸（1 英寸 =2.54 厘米）图像内有多少个像素点，单位为"像素 / 英寸"，通常以 ppi（pixels per inch）表示。图像分辨率一般被用于 Photoshop 软件中，用来表示图像的清晰度。在显示分辨率一定的情况下，图像分辨率越高，图像越清晰，同时图像文件占据的存储空间也越大。

**2. 显示分辨率**

显示分辨率是显示器显示图像时的分辨率。显示分辨率是用"点"来衡量的，显示器上这个"点"就是指像素（pixel）。显示分辨率的数值是指整个显示器所有可视面积上水平像素和垂直像素的数量。例如 1 920 像素 ×1 080 像素的显示分辨率，是指在整个屏幕上水平显示 1 920 个像素，垂直显示 1 080 个像素。显示器的显示分辨率越高，显示的图像越清晰。

**3. 输出分辨率**

输出分辨率又称为打印分辨率，是指在打印输出时横向和纵向两个方向上每英寸最多能够打印的点数，单位为"点 / 英寸"，通常以 dpi（dot per inch）表示。输出分辨率就是打印机所能打印的最大分辨率，也就是打印输出的极限分辨率。目前一般激光打印机的分辨率均在 360 000dpi 以上，打印彩色照片的分辨率最好在 4 800dpi 以上。

## 1.3 位图与矢量图

数字图像设计处理的图形图像包含两种，分别是位图和矢量图。通常把位图叫作图像，把矢量图叫作图形。

### 1.3.1 位图

位图也叫点阵图，它的基本元素是像素。如果把位图放大到一定程度，就会发现整个画面是由排成行列的一个个小方格组成的，这些小方格被称为像素，如图 1-13（a）所示。位图文件中记录的是每个像素的色度、亮度和位置等信息，因此对于一幅图像来说，在单位面积内，像素点越多，图像越清晰，同时占用的存储空间也越大。位图的优点是可以表达色彩丰富、细致逼真的画面；缺点是文件占用存储空间比较大，而且在放大输出时会发生失真现象。

常用的位图图像格式有 JPG、BMP、PSD、TIFF、GIF 等，Photoshop 软件就是一款可以处理位图的软件。

### 1.3.2 矢量图

矢量图的基本元素是图形指令。在形成图形时，专门的软件将图形指令转换成可在屏幕上显示的各种几何图形和颜色。矢量图是根据几何特性来绘制的图形，所以，通常由绘图软件生成。矢量图的元素都是通过数学公式计算获得的，所以矢量图文件所占存储空间一般较小。而且与位图不同，矢量图在进行缩放时不会发生失真现象，如图 1-13（b）所示。其缺点是能够表现的色彩比较单调，不能像位图那样表达丰富的色彩、细致逼真的画面。矢量图通常用来表现线条化明显、具有大面积色块的图案。

常用的矢量图形格式有 AI、DXF、WMF、SWF 等，常用的矢量图设计软件有 Illustrator、CorelDRAW、AutoCAD 等。

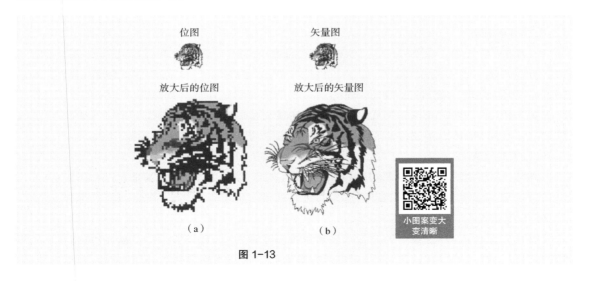

图 1-13

# 1.4 常用图像文件格式

图像文件格式是记录和存储影像信息的特殊编码方式。数字图像进行存储、处理、传播，必须采用一定的图像格式，也就是把图像的数据按照一定的编码方式进行组织和存储，就得到了图像文件。图像文件格式决定了应该在文件中存放何种类型的信息、文件如何与各种应用软件兼容、文件如何与其他文件交换数据等。

下面列举目前常用的几种文件格式。

**1. JPG 格式**

JPG 是联合图片专家组（Joint Photographic Experts Group，JPEG）的简写。JPG 格式是

目前手机、平板电脑等移动设备和大多数相机都支持的一种图像存储格式，也是所有图像格式中压缩率很高的格式，支持多种压缩级别。大多数彩色和灰度图像使用 JPG 格式压缩。当对图像的精度要求不高而存储空间又有限时，JPG 是一种理想的压缩格式。在网络传输中，JPG 用于显示图片和其他连续色调的图像文档，支持 CMYK、RGB 和灰度颜色模式。JPG 格式保留 RGB 图像中的所有颜色信息，通过选择性地去掉数据来压缩文件。

### 2. BMP 格式

BMP（位图）格式属于典型的位图格式，是标准 Windows 图像格式。BMP 格式支持 1、4、24、32 位的 RGB 位图，支持 RGB、索引颜色、灰度和位图颜色模式，但不支持 Alpha 通道。BMP 由于采用位映射存储格式，除了图像深度可选以外，不进行其他任何压缩，所以 BMP 文件所占用的存储空间较大，只在某些特定场合使用。

### 3. PSD 格式

PSD 是 Photoshop 软件的专用存储格式。这种格式可以存储 Photoshop 中所有的图层、通道、参考线、注解和颜色模式等信息。在保存图像时，若图像中包含有多个图层，则一般都用 PSD 格式保存。PSD 格式在保存时会将文件压缩，以减少占用磁盘空间，但 PSD 格式的文件所包含图像数据信息较多（如图层、通道、剪辑路径、参考线等），因此比其他格式的图像文件要大得多。由于 PSD 文件保留所有原图像数据信息，因而修改起来较为方便。

### 4. RAW 格式

RAW 的原意就是"未经加工"，RAW 图像存储的是 CMOS 或者 CCD 图像感应器将捕捉到的光源信号转化为数字信号的原始数据。RAW 文件是一种记录了数码相机传感器的原始信息，同时记录了由相机拍摄所产生的一些元数据（Metadata，如 ISO 的设置、快门速度、光圈值、白平衡等）的文件。RAW 是未经处理，也未经压缩的格式。可以把 RAW 概念化为"原始图像编码数据"或更形象地称为"数字底片"。使用 Photoshop 软件自带的 Camera Raw 滤镜可以对 RAW 格式的图像进行处理。

### 5. TIFF 格式

TIFF（标记图像文件）是一种灵活的图像格式，被绘画、图像编辑和页面排版应用程序支持。几乎所有的桌面扫描仪都可以生成 TIFF 图像。而且 TIFF 格式还可加入作者、版权、备注及自定义信息。

### 6. GIF 格式

GIF（图像交换）格式是一种 LZW（一种无损压缩算法）压缩格式，用来最小化文件大小和节约传输时间。GIF 文件格式普遍用于实现颜色和图像索引，支持多图像文件和动画文件，文件比较小，适合网络传输。其缺点是存储色彩最高只能达到 256 种。

### 7. PNG 格式

PNG 格式能够以任何颜色深度存储单个光栅图像。PNG 是与平台无关的格式。PNG 格式的优点包括：支持高级别无损压缩、支持 Alpha 通道透明度设置、支持伽玛校正、支持交错，而且 PNG 受最新的 Web 浏览器支持。PNG 格式的缺点包括：较旧的浏览器和程序可能不支持 PNG 格式；作为网络文件格式，与 JPG 的有损压缩相比，PNG 提供的压缩量较小；PNG 不支持多图像文件或动画文件。

## 1.5　课后习题

根据本章所学内容，从网上查找 6 张具有不同风格的海报，下载并保存为 JPG 格式。

# 第 2 章

02

# 操作入门

▶ **本章导读**

初学者要想学好 Photoshop，首先要熟悉软件的工作界面和编辑功能，还要明白和掌握在图像处理时，完成同一项任务的多种不同方法。初学者要尽可能地多记、多练不同的操作方法，以便今后得心应手地使用。本章对 Photoshop 的工作界面、菜单栏和工具箱进行详细介绍，并通过具体案例使初学者熟悉 Photoshop 的基本操作。在操作过程中难免会出现错误，本章还介绍了纠正错误操作的具体方法和工具。

知识目标
- 了解软件的工作界面
- 掌握软件的基本操作
- 掌握常用工具的使用
- 学会纠正错误操作的方法

技能目标
- 通过案例掌握工具箱中常用工具的使用
- 理解 Photoshop 软件操作的工作流程

操作入门

# 2.1 Photoshop 界面介绍

本节介绍 Photoshop 的工作界面，本书以 Photoshop CC 2017 版本为例，其他版本界面和操作方法与此类似。在开始学习前，请先启动 Photoshop 软件，将首选项重置到默认设置，以确保在屏幕上看到的内容和本书中的描述一致。

## 2.1.1 Photoshop 工作界面

用 Photoshop 打开一个图像文件，默认的工作界面如图 2-1 所示，包括菜单栏、工具选项栏、工具箱、文档窗口、面板组、状态栏等。在操作过程中，各窗口的位置如果发生变动，只需要选择菜单栏"窗口 > 工作区 > 复位基本功能"命令，即可恢复到初始状态。

图 2-1

## 2.1.2 Photoshop 菜单栏

菜单栏包括了所有非常实用的功能菜单，如文件、编辑、图像、图层、文字、选择、滤镜、3D、视图、窗口、帮助等。主菜单还包括很多实用的功能子菜单。在图像设计中，经常使用的菜单有图像、图层、选择、滤镜等，在今后的学习中我们会重点介绍。

## 2.1.3 Photoshop 工具箱

Photoshop 工具箱由单个工具和工具组组成，工具组图标右下角有一个黑色三角形，长按鼠标左键或单击鼠标右键就会弹出工具组中的工具列表。

Photoshop 工具箱主要包括移动工具、选框工具组、套索工具组、快速选择工具组、裁剪与切片工具组、吸管与辅助工具组、修复画笔工具组、画笔工具组、图章工具组、历史记录画笔工具组、橡皮擦工具组、渐变与填充工具组、模糊锐化工具组、加深减淡工具组、钢笔工具组、文字工具组、选择工具组、形状工具组、视图调整工具、颜色设置工具、快速蒙版、更改屏幕模式等。表 2-1 列出了工具箱各个工具的按钮、名称、使用说明和默认快捷键。

表 2-1　Photoshop 工具箱

| 按钮 | 工具名称 | 说明 | 快捷键 |
|---|---|---|---|
| | 移动工具 | 移动图层、参考线、形状或选区内的像素 | V |
| 选框工具组 | | | |
| | 矩形选框工具 | 创建矩形选区和正方形选区，按住"Shift"键可以创建正方形选区 | M |
| | 椭圆选框工具 | 创建椭圆选区和正圆选区，按住"Shift"键可以创建正圆选区 | M |
| | 单行选框工具 | 创建高度为 1 像素的选区，常用来制作网格效果 | M |
| | 单列选框工具 | 创建宽度为 1 像素的选区，常用来制作网格效果 | M |
| 套索工具组 | | | |
| | 套索工具 | 自由地绘制出形状不规则的选区 | L |
| | 多边形套索工具 | 创建转角比较强烈的选区 | L |
| | 磁性套索工具 | 能够以颜色上的差异自动识别对象的边界，特别适合于快速选择与背景对比强烈且边缘复杂的对象 | L |
| 快速选择工具组 | | | |
| | 快速选择工具 | 利用可调整的圆形笔尖迅速地绘制出选区 | W |
| | 魔棒工具 | 使用该工具在图像中单击就能选取颜色差别在容差值范围之内的区域 | W |
| 裁剪与切片工具组 | | | |
| | 裁剪工具 | 以任意尺寸裁剪图像 | C |
| | 透视裁剪工具 | 使用该工具可以在需要裁剪的图像上制作出带有透视感的裁剪框，在应用裁剪后可以使图像带有明显的透视感 | C |
| | 切片工具 | 从一张图片创建切片图像 | C |
| | 切片选择工具 | 为改变切片的各种设置而选择切片 | C |
| 吸管与辅助工具组 | | | |
| | 吸管工具 | 拾取图像中的任意颜色作为前景色，按住 Alt 键进行拾取可将当前拾取的颜色作为背景色。可在打开图像的任意位置采集色样来作为前景色或背景色 | I |

| 按钮 | 工具名称 | 说明 | 快捷键 |
|---|---|---|---|
| | 3D 材质吸管工具 | 使用该工具可以快速地吸取 3D 模型中各个部分的材质 | I |
| | 颜色取样器工具 | 在信息浮动窗口显示取样的 RGB 值 | I |
| | 标尺工具 | 在信息浮动窗口显示拖曳的对角线距离和角度 | I |
| | 注释工具 | 在图像内加入注释，PSD、TIFF、PDF 格式都支持此功能 | I |
| | 计数工具 | 使用该工具可以对图像中的元素进行计数，也可以自动对图像中的多个选定区域进行计数 | I |
| 修复画笔工具组 | | | |
| | 污点修复画笔工具 | 不需要设置取样点，自动从所修饰区域的周围进行取样，消除图像中的污点或某个对象 | J |
| | 修复画笔工具 | 用图像中的像素作为样本进行绘制 | J |
| | 修补工具 | 利用样本或图案来修复所选图像区域中不理想的部分 | J |
| | 内容感知移动工具 | 在用户整体移动图片中被选中的某物体时，智能填充物体原来的位置 | J |
| | 红眼工具 | 可以去除由闪光灯导致的瞳孔红色反光 | J |
| 画笔工具组 | | | |
| | 画笔工具 | 使用前景色绘制出各种线条，同时也可以利用它来修改通道和蒙版 | B |
| | 铅笔工具 | 用无模糊效果的画笔进行绘制 | B |
| | 颜色替换工具 | 将选定的颜色替换为其他颜色 | B |
| | 混合器画笔工具 | 可以像传统绘画过程中混合颜料一样混合像素 | B |
| 图章工具组 | | | |
| | 仿制图章工具 | 将图像的一部分绘制到同一图像的另一个位置上，或绘制到具有相同颜色模式的任何打开的文档的另一部分，也可以将一个图层的一部分绘制到另一个图层上 | S |
| | 图案图章工具 | 使用预设图案或载入的图案进行绘画 | S |

| 按钮 | 工具名称 | 说明 | 快捷键 |
|---|---|---|---|
| | | 历史记录画笔工具组 | |
| | 历史记录画笔工具 | 将标记的历史记录状态或快照用作源数据对图像进行修改 | Y |
| | 历史记录艺术画笔工具 | 将标记的历史记录状态或快照用作源数据，并以风格化的画笔进行绘画 | Y |
| | | 橡皮擦工具组 | |
| | 橡皮擦工具 | 以类似画笔描绘的方式将像素更改为背景色或透明 | E |
| | 背景橡皮擦工具 | 基于色彩差异的智能化擦除工具 | E |
| | 魔术橡皮擦工具 | 清除与取样区域类似的像素范围 | E |
| | | 渐变与填充工具组 | |
| | 渐变工具 | 以渐变方式填充拖曳的范围，在渐变编辑器内可以设置渐变模式 | G |
| | 油漆桶工具 | 可以在图像中填充前景色或图案 | G |
| | 3D 材质拖放工具 | 在选项栏中选择一种材质，在选中模型上单击可以为其填充材质 | G |
| | | 模糊锐化工具组 | |
| | 模糊工具 | 柔化硬边缘或减少图像中的细节 | |
| | 锐化工具 | 增强图像中相邻像素之间的对比，以提高图像的清晰度 | |
| | 涂抹工具 | 模拟手指划过湿油漆时所产生的效果。可以拾取鼠标单击处的颜色，并沿着拖曳的方向展开这种颜色 | |
| | | 加深减淡工具组 | |
| | 减淡工具 | 可以对图像进行减淡处理 | O |
| | 加深工具 | 可以对图像进行加深处理 | O |
| | 海绵工具 | 提高或降低图像中某个区域的饱和度。如果是灰度图像，该工具将通过灰阶远离或靠近中间灰色来提高或降低对比度 | O |

| 按钮 | 工具名称 | 说明 | 快捷键 |
|---|---|---|---|
| | | 钢笔工具组 | |
| | 钢笔工具 | 以锚点方式创建区域路径，主要用于绘制矢量图形和选取对象 | P |
| | 自由钢笔工具 | 用于绘制比较随意的图形，使用方法与套索工具非常相似 | P |
| | 添加锚点工具 | 将光标放在路径上，单击即可添加一个锚点 | |
| | 删除锚点工具 | 删除路径上已经创建的锚点 | |
| | 转换点工具 | 用来转换锚点的类型（角点和平滑点） | |
| | | 文字工具组 | |
| | 横排文字工具 | 创建横排文字图层 | T |
| | 直排文字工具 | 创建直排文字图层 | T |
| | 横排文字蒙版工具 | 创建水平文字形状的选区 | T |
| | 直排文字蒙版工具 | 创建垂直文字形状的选区 | T |
| | | 选择工具组 | |
| | 路径选择工具 | 在路径浮动窗口内选择路径，可以显示出锚点 | A |
| | 直接选择工具 | 只移动两个锚点之间的路径 | A |
| | | 形状工具组 | |
| | 矩形工具 | 创建长方形路径、形状图层或填充像素区域 | U |
| | 圆角矩形工具 | 创建圆角矩形路径、形状图层或填充像素区域 | U |
| | 椭圆工具 | 创建正圆或椭圆形路径、形状图层或填充像素区域 | U |
| | 多边形工具 | 创建多边形路径、形状图层或填充像素区域 | U |
| | 直线工具 | 创建直线路径、形状图层或填充像素区域 | U |
| | 自定形状工具 | 创建系统自带的形状路径、形状图层或填充像素区域 | U |

| 按钮 | 工具名称 | 说明 | 快捷键 |
|---|---|---|---|
| | | 视图调整工具 | |
| | 抓手工具 | 拖曳以移动图像显示区域 | H |
| | 旋转视图工具 | 拖曳以旋转视图 | H |
| | 缩放工具 | 放大、缩小显示的图像 | Z |
| | | 颜色设置工具 | |
| | 前景色 / 背景色 | 单击打开拾色器，设置前景色 / 背景色 | |
| | 切换前景色和背景色 | 切换所设置的前景色和背景色 | X |
| | 默认前景色和背景色 | 恢复默认的前景色和背景色 | D |
| | | 快速蒙版 | |
| | 以快速蒙版模式编辑 | 切换快速蒙版模式和标准模式 | Q |
| | | 更改屏幕模式 | |
| | 标准屏幕模式 | 可以显示菜单栏、标题栏、滚动条和其他屏幕元素 | F |
| | 带有菜单栏的全屏模式 | 可以显示菜单栏、50% 的灰色背景、无标题栏和滚动条的全屏窗口 | F |
| | 全屏模式 | 只显示黑色背景和图像窗口。如果要退出全屏模式，可以按 Esc 键。如果按 Tab 键，将切换到带有面板的全屏模式 | F |

# 2.2 Photoshop 基本操作

Photoshop 软件的基本操作，包括图像文件的新建、打开、保存、关闭，以及常见工具、命令的使用等。本节首先讲解 2 寸证件照的排版案例，然后详细讲解基本操作方法。

## 2.2.1 课堂案例——2 寸证件照排版

Photoshop 安装设置

【案例学习目标】通过证件照排版方法的学习，掌握 Photoshop 软件的基本操作。

【案例知识要点】新建画布，裁剪工具的使用，图层的复制，图层的排列对齐，选择工具的使用。

【效果所在位置】ch02/ 效果 /2 寸证件照排版效果 .psd。

扫码观看本案例视频

（1）打开素材文件"ch02/ 素材 / 素材 01.jpg"。

（2）根据表2-2所列，2寸证件照尺寸为3.5cm×4.9cm。使用工具箱中的裁剪工具 🔲 裁剪照片，工具选项栏的参数设置如图2-2所示，使"拉直"选项处于选中状态 🔳，在照片中人物两侧肩膀处拉出一条直线，可将倾斜的照片拉直。效果如图2-3所示。

表 2-2　常见证件照尺寸

| 类型 | | 尺寸 |
| --- | --- | --- |
| 一般照片尺寸 | 小1寸证件照 | 2.2cm×3.3cm |
| | 1寸证件照 | 2.5cm×3.5cm |
| | 小2寸证件照 | 3.3cm×4.8cm |
| | 2寸证件照 | 3.5cm×4.9cm |
| | 5寸 | 12.7cm×8.9cm |
| | 6寸 | 15.2cm×10.2cm |
| 特殊证件照尺寸 | 赴美签证 | 5.0cm×5.0cm |
| | 赴日本签证 | 4.5cm×4.5cm |
| | 毕业生照 | 3.3cm×4.8cm |
| | 驾照 | 2.2cm×3.2cm |
| | 车照 | 6.0cm×9.1cm |

| 🔲 ∨ | 宽 × 高 × 分… ∨ | 3.5 厘米 | ⇄ | 4.9 厘米 | 300 | 像素/英寸 ∨ | 清除 | 📷 | 拉直 |

图 2-2

（3）使用工具箱中的"快速选择"工具 🔲 创建一个选区，把人物后面的背景选中，按"Shift+Ctrl+I"组合键反选，将人物选中。

（4）单击工具选项栏中的"选择并遮住"按钮 选择并遮住… ，打开"调整边缘"对话框，选择"黑白"视图模式，勾选"智能半径"复选框，设置半径为3像素。使用"调整半径"工具 🔲 在头发周围进行涂抹，发现毛发的边缘已经比较柔和了，如图2-4左图所示。切换视图效果到"叠加"状态，图2-4中右侧图像就是叠加状态的效果，用以观察哪个选区没有选上，并继续修改。

（5）按"Ctrl+J"组合键，复制一个新图层，按住 Ctrl 键

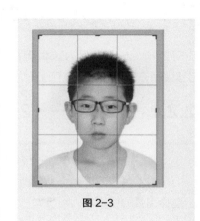

图 2-3

的同时单击新复制的图层，可以直接选取该图层中的所有像素，按"Shift+Ctrl+I"组合键反选，用蓝色（0、0、255）填充。效果如图 2-5 所示。

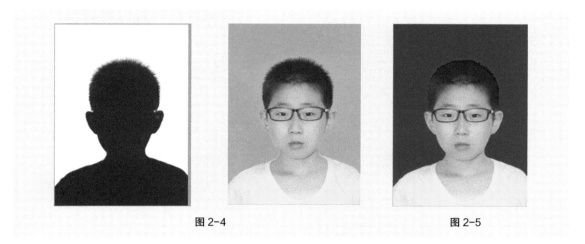

图 2-4 　　　　　　　　　　　　　　　　　　　图 2-5

（6）选择菜单"文件 > 新建文件"命令，创建尺寸为 12.7cm×8.9cm 的画布，设置分辨率为 300 像素 / 英寸，颜色模式为 RGB，背景内容为白色。

（7）把步骤 5 处理好的图层拖曳到新建的空白文档内，按"Ctrl+J"组合键，复制一个新图层，按住 Ctrl 键的同时单击选中"图层 1"和"图层 1 拷贝"，单击工具选项栏中的"底对齐""水平居中分布"选项进行排版。排版效果及图层状态如图 2-6 所示。

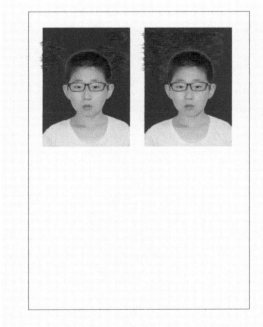

图 2-6

（8）同时选中两个图层，单击鼠标右键，在弹出的快捷菜单中选择"合并图层"命令，按"Ctrl+J"组合键再次复制图层，拖曳至合适位置，将两个图层左对齐。图层状态及排版效果如图 2-7 所示。

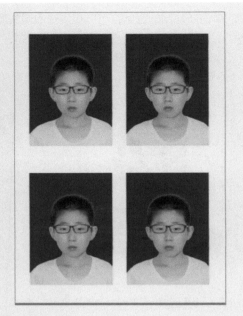

图 2-7

（9）按"Ctrl+S"组合键，将文件保存为"2寸证件照排版效果.psd"，还可以按"Ctrl+Shift+S"组合键，将文件另存为 JPG 格式。

## 2.2.2　新建图像文件

Photoshop 中最常用的获得图像文件的方法是建立新文件。要在 Photoshop 中新建文件，可以按照下面两种方法操作。

● 选择"文件 > 新建"命令，或者使用"Ctrl+N"组合键。

● 启动 Photoshop 软件后，在"开始"工作区中单击"新建"按钮。

通过以上两种方法，可弹出图 2-8 所示的"新建文件"对话框。

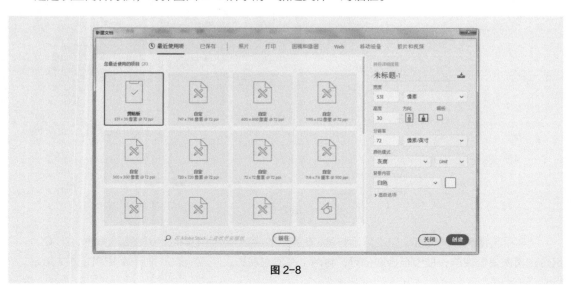

图 2-8

在"新建文件"对话框中可以进行如下操作。

（1）根据最近使用项新建文件。选择"最近使用项"，此时会在下方显示最近新建的文件，及其尺寸、分辨率等信息。选择一个项目，并单击"创建"按钮即可创建新文件。

（2）根据已保存的预设新建文件。选择"已保存"选项，此时会在下方显示最近保存过的文件预设。单击"创建"按钮即可创建新文件。

（3）根据预设新建文件。在"新建文件"对话框中选择"照片""打印""图稿和插图""Web"等选项，对话框右侧会显示相应的预设尺寸与设置。选择一个项目，并单击"创建"按钮即可创建新文件。

（4）自定义新建文件。除了使用上述方法快速新建文件外，用户也可以在右侧通过自定义参数创建新文件，下面分别讲解其中常用的参数功能。

① 宽度、高度、分辨率：在对应的数值框中键入数值，即可分别设置新文件的宽度、高度和分辨率。在这些数值框右侧的下拉列表中可以选择相应的单位。

② 方向：在此可以设置文件为竖向或横向。在默认情况下，当用户新建文件时，页面方向为竖向，但用户可以通过选取页面摆放的选项来制作横向页面。选择▯选项将创建竖向文件，而选择▯选项可创建横向文件。

③ 颜色模式：在其下拉列表中可以选择新文件的颜色模式。在其右侧选框的下拉列表中可以选择新文件的位深度，用以确定使用颜色的最大数量。

④ 背景内容：在此下拉列表中可以设置新文件的背景颜色。

⑤ 画板：选中此选项后，将在新文件中自动生成一个新的画板。

（5）保存预设。设置好参数后，若希望以后继续使用，可以单击"存储预设"按钮，从而将当前设置的参数保存为预置选项，并出现在"已保存"之中。

## 2.2.3　打开图像文件

在 Photoshop 中打开文件，有以下几种方法。

（1）选择"文件 > 打开"命令。

（2）使用快捷键"Ctrl+O"组合键。

（3）在"开始"工作区中单击"打开"按钮。

（4）直接将要打开的文件拖曳至 Photoshop 工作界面中。需要注意的是从 Photoshop CS5 开始，必须将要打开的文件拖曳至当前文档窗口以外，如菜单栏、面板组或软件界面空白区域，如果拖曳至当前文档窗口内，会将其创建为嵌入式智能对象。

## 2.2.4　保存和关闭图像文件

### 1. 保存图像文件

（1）直接保存。若想保存当前操作的图像文件，可选择"文件 > 储存"命令，弹出"另存为"对话框，设置好文件名、文件类型及文件位置后，单击"保存"按钮即可。需要注意的是，只有当前操作的文件具有通道、图层、路径、专色、注解，在"格式"下拉列表中选择支持保存这些信息的文件格式时，对话框中的"Alpha 通道""图层""注解""专色"选项才会被激活，可以根据需要选择是否保存这些信息。

（2）另存为。若要将当前文件以不同的格式、不同名称或不同存储路径再保存一份，可以选择"文件 > 存储为"命令，在弹出的"另存为"对话框中根据需要更改选项并保存。

**2. 关闭图像文件**

关闭图像文件应该是最简单的操作，直接单击图像窗口右上角的"关闭"图标、选择"文件 > 关闭"命令或直接按"Ctrl+W"组合键均可。对于操作完成后没有保存的图像，执行关闭文件操作后，软件会弹出提示框，询问用户是否需要保存，可以根据需要选择其中一个选项。

除了关闭图像文件外，Photoshop还有"文件 > 退出"这样一个命令，此命令不仅会关闭图像文件，还将退出 Photoshop 软件系统。退出也可以直接使用"Ctrl+Q"组合键。

## 2.3 常见工具和命令的使用

本节介绍在图像处理中经常用到的几个工具的使用方法。

### 2.3.1 选择工具

Photoshop 提供了多种选择工具，用户可根据不同的情况使用不同的选择工具，也可以几种工具结合起来使用。

将图 2-9 所示照片做成图 2-10 所示的效果，步骤如下。

图 2-9                          图 2-10

（1）打开素材文件"ch02/ 素材 / 素材 02.jpg"。

（2）使用椭圆选框工具，将工具选项栏中的羽化值设置成 30，在图中拖曳选择一合适的选区，按"Ctrl+C"组合键复制选区。然后按"Ctrl+N"组合键，新建一个空白文件。将前景色设置成浅蓝色，单击工具箱中的渐变工具，选择线性渐变，使用鼠标在图片中由下至上拖曳，将背景填充为蓝白渐变的效果，按"Ctrl+V"组合键粘贴已复制的选区，即可得到图 2-10 所示效果。

### 2.3.2 修复工具

仿制图章、修复画笔、修补工具等都可以对照片进行修复，读者可以自行尝试，下面介绍另两种修复照片的方法，即"单行 / 单列选框"工具和"内容识别"命令。"单行 / 单列选框"工具是 Photoshop CC 版本才有的新功能。

将图 2-11 所示照片修复成图 2-12 所示的效果，步骤如下。

图 2-11

图 2-12

（1）打开素材文件"ch02/ 素材 / 素材 03.jpg"。

（2）将图片放大，选择单列选框工具 ⁝·，在白线左侧选中一列像素，如图 2-13 所示。将工具箱切换到移动工具，或按快捷键 V，再按"Alt+ →"组合键，将单列的选区复制并移动到空白的区域，效果如图 2-14 所示。使用组合键的好处是直接在原图层上复制选区，不会新建图层，使图层看起来更整洁。用同样的方法将其他单列空白的区域修复完成。

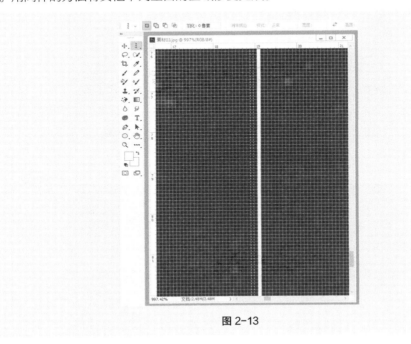

图 2-13

（3）选择套索工具 ♀，沿要修复的区域边缘选择选区，如图 2-15 所示，选择"菜单 > 编辑 > 填充"命令，选择"内容识别"，即可对所选区域进行修复，如图 2-16 所示。用同样的方法对其他区域进行修复，重复使用该命令，即可得到图 2-12 所示的最终效果。

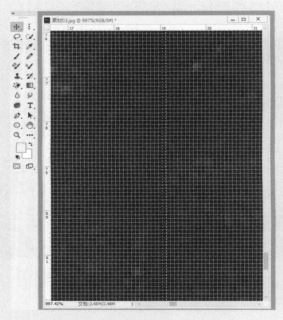

图 2-14

图 2-15

图 2-16

### 2.3.3 自由变换

在图像处理中，经常要用到"自由变换"命令。使用"编辑 > 自由变换"命令或按"Ctrl+T"组合键，当鼠标指针变为↔时，可对图像进行缩放；当鼠标指针变为↷时，可对图像进行旋转；在自由变换状态下，单击鼠标右键，可对图像进行各种变换，如图 2-17 所示。下面以一个具体案例介绍"自由变换"命令中的"变形"命令的操作方法。

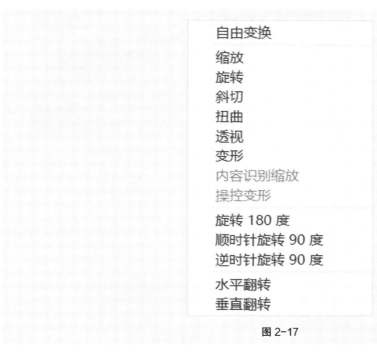

图 2-17

（1）打开素材文件"ch02/ 素材 / 素材 04.jpg"和"ch02/ 素材 / 素材 05.jpg"，如图 2-18 和图 2-19 所示。

图 2-18

图 2-19

（2）将"素材 05.jpg"拖曳到"素材 04.jpg"文件窗口中，使用"Ctrl+T"组合键对图像进行自由变换，将图像调整至合适大小，如图 2-20 所示。

（3）在选区内单击鼠标右键，在弹出的快捷菜单中选择"变形"命令，此时显示变形网格，如图 2-21 所示。将上面两个角的锚点向上拖曳至杯子的边缘，下面两个角的锚点向下拖曳，也与杯子的边缘对齐；再调整手柄的位置及其余锚点的位置，使图像左右边缘与杯身左右边缘对齐，拖曳中间的线段使图片的曲度与杯子上下边缘的弯曲程度一致，如图 2-22 所示。

图 2-20　　　　　　　　　图 2-21　　　　　　　　　图 2-22

（4）按"Enter"键确认变形操作。打开"图层"面板，将图层 1 的混合模式设置为"正片叠底"，效果如图 2-23 所示。

（5）使用橡皮擦工具 ，选择合适的大小，并将橡皮擦硬度设置为 0，在图像边缘进行擦除，使图像边缘和杯子融合得更自然，效果如图 2-24 所示。

图 2-23　　　　　　　　　图 2-24

# 2.4　纠正操作

Photoshop 可对错误操作进行纠正。不同的情况，纠正错误的方法不同。常见的纠错方法有两种：一种是使用命令纠错，另一种是使用历史记录。

## 2.4.1　使用命令纠错

在执行某一错误操作后，如果要返回这一错误操作步骤之前的状态，可以选择"编辑 > 还原"命令。如果在后退之后，又需要重新执行这一命令，则可以选择"编辑 > 重做"命令。用户不仅能够后退或重做一个操作，如果连续选择"编辑 > 后退一步"命令，还可以连续后退，如果在连续执行"编

辑 > 后退一步"命令后，再连续选择"编辑 > 前进一步"命令，则可以连续重新执行已经后退的操作。

## 2.4.2 使用历史记录

"历史记录"面板具有依据历史记录进行纠错的强大功能。如果使用 2.4.1 小节所述的简单命令无法得到需要的纠错效果，则需要使用此面板进行操作。此面板几乎记录了进行的每一步操作。通过观察此面板，可以清楚地了解以前所进行的操作步骤，并决定具体后退到哪一个位置，如图 2-25 所示。

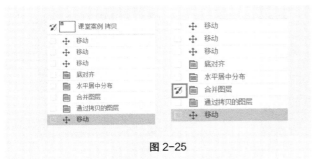

图 2-25

图 2-26

在进行一系列操作后，如果需要后退至某一个历史状态，可直接在"历史记录"面板列表区中单击该历史记录的名称，即可使图像的操作状态返回至此，此时在所选历史记录后面的操作都将以灰色显示。例如，要后退至"合并图层"的状态，可以直接在此面板中单击"合并图层"历史记录，如图 2-25 所示。

在默认状态下，"历史记录"面板只记录最近 20 步的操作，要改变记录步骤数目，可选择"编辑 > 首选项 > 性能"命令，如图 2-26 所示，或按"Ctrl+K"组合键，在弹出的"首选项"对话框中改变"历史记录状态"数值，如图 2-27 所示。

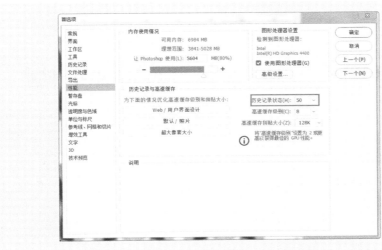

图 2-27

### 2.4.3 历史记录画笔

除了使用历史记录纠错以外，历史记录画笔工具也有记录操作历史和纠错的功能。例如，使用历史记录画笔对图 2-28 所示照片进行处理，可得到图 2-29 所示的效果。具体步骤如下。

图 2-28　　　　　　　　　　　图 2-29

（1）打开素材文件"ch02/ 素材 / 素材 06.jpg"。

（2）选择"图像 > 调整 > 色相饱和度"命令，在"全图"下拉菜单中选择"黄色"，使用"吸管"工具 单击花瓣吸取花瓣的颜色，把"明度"滑块向右滑到最右边，花瓣变成白色。单击"确定"按钮。

（3）单击工具箱中的"历史记录画笔"工具 ，在历史记录面板中，将"色相饱和度"设置为历史记录画笔的源，选择"打开"那一步，如图 2-30 所示。

（4）选择合适的笔触大小，设置硬度值为 0，不透明度设为 20%，从花瓣根部往上涂抹，最终得到的效果如图 2-29 所示。

图 2-30

## 2.5　课后习题——为 1 寸证件照换底和排版

素材位置："ch02/ 素材 / 素材 07.jpg"。

设计要求：打开一张红底的单人证件照，如图 2-31 所示，将照片背景换成蓝底，并对照片进行 1 寸证件照排版。

效果展示："ch02/ 效果 / 为 1 寸证件照换底和排版效果 .psd"，如图 2-32 所示。

图 2-31

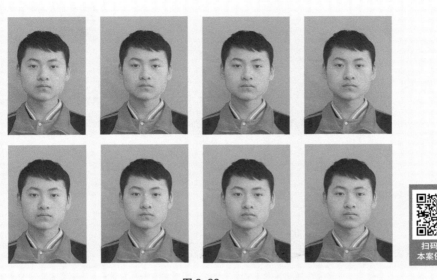

图 2-32

扫码观看
本案例视频

# 第 3 章

# 色彩校正

03

▶ **本章导读**

　　色彩的处理在图像处理中非常重要。处理照片时，通常先进行色彩校正，再做其他的处理工作。一张照片是"小清新"还是"国际范儿"，通常也取决于色彩校正。本章详细介绍图像调色命令，并加入 Camera Raw 滤镜的介绍。Camera Raw 滤镜几乎集合了所有调色工具的功能。

**知识目标**

● 了解颜色模式

● 了解颜色通道

● 掌握各种图像调色命令

● 熟悉 Camera Raw 滤镜

**技能目标**

● 熟悉各调色工具的名称和应用效果

● 掌握不同照片的色彩处理方式

● 熟练运用 Camera Raw 滤镜

色彩校正

# 3.1 图像知识

## 3.1.1 颜色模式的基本概念

### 1. 颜色模式的含义

颜色模式就是记录图像颜色的方式，也可以理解为以数字形式的模型来表现各种各样的颜色。

### 2. 颜色模式的分类

Photoshop 中的颜色模式有很多种，包括 RGB 模式、CMYK 模式、HSB 模式、Lab 模式、双色调模式、索引模式、多通道模式、灰度模式和位图模式等。

其中，RGB 模式是 Photoshop 的默认颜色模式，也是最常见的颜色模式。它以 R、G、B 三种颜色为基础，如图 3-1 所示。R 是红色（red），G 是绿色（green），B 是蓝色（blue）。根据三原色原理可以调出上万种颜色，如图 3-2 所示。

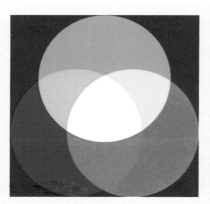

图 3-1

图 3-2

## 3.1.2 颜色通道

一幅图片被建立或者打开以后会自动创建颜色通道。在 Photoshop 中编辑图像的颜色，实际上就是在编辑颜色通道。这些通道把图像分解成一个或多个颜色成分。图像的模式决定了颜色通道的数量，RGB 图像有 R、G、B 三个颜色通道，CMYK 图像有 C、M、Y、K 四个颜色通道，灰度图只有一个颜色通道。当我们查看单个通道的图像时，图像窗口中显示的是没有颜色的灰度图像，通过编辑灰度图像，可以更好地掌握各个通道原色的亮度变化。

"位"即"位深"，又称作"颜色深度"或"位分辨率"。在 Photoshop 中，位 / 通道前的数字代表一个通道中包含的二进制位的数量，如图 3-3 所示。这些位表示能够显示或打印的黑 / 白、灰度及彩色的颜色。

- 1 位 / 通道意味着每通道只能显示两种颜色，即纯黑和纯白。
- 8 位 / 通道意味着每通道有 256（$2^8$）个灰度级。
- 16 位 / 通道表示每通道能表现 65 536（$2^{16}$）个灰度级。

在 8 位 / 通道模式下，Photoshop 中的所有命令都可以正常使用。在 16 位 / 通道、32 位 / 通道模式下，有些命令将不可用，比如滤镜菜单中的部分命令就无法正常使用，因为大多数滤镜是基于 8 位图像来运算的。

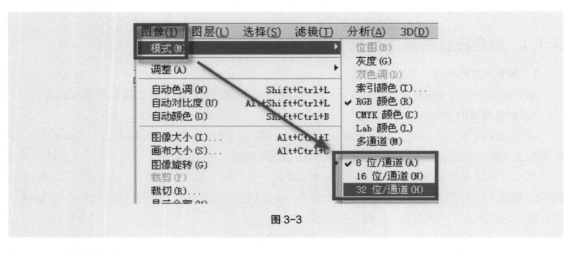

图 3-3

## 3.1.3　颜色模式

颜色模式

在 Photoshop 中，有很多种颜色模式，设计时采用什么模式要看设计图像的最终用途。查看和更改颜色模式的方法为选择"图像 > 模式"命令。下面介绍几种 Photoshop 中常用的颜色模式。

**1. 位图模式**

位图模式是 1 位深度的图像。它只有黑和白两种颜色。它可以由扫描或置入黑色的矢量线条图像生成，也能由灰度模式或双色调模式转换而成。其他颜色模式不能直接转换为位图模式。位图模式包含的信息最少，因而图像文件占用的存储空间也最小。

**2. 灰度模式**

灰度模式是 8 位深度的颜色模式，有 $2^8$（也就是 256）种灰度，即在全黑和全白之间插有 254 个灰度等级的颜色来描绘灰度模式的图像。所有模式的图像都能转换成灰度模式，甚至位图也可转换为灰度模式。Photoshop 的绝大多数功能支持灰度模式。

**3. 双色调模式**

双色调模式不是单个的颜色模式，而是一个分类。它是单色调、双色调、三色调和四色调的统称。双色调模式只有一个通道。双色调模式和位图模式一样，只能通过灰度模式转换。

**4. RGB 模式**

RGB 模式是数码图像最重要的一个模式，Photoshop 的全部功能都支持它，因为 Photoshop 就是以它为基础来开发的。显示屏上显示的颜色是 RGB 模式的，电视屏幕也是 RGB 模式的，不同的是电视屏幕不是用数码而是用电平来描述的。扫描仪和数码相机都可以捕捉 RGB 图像信息。

RGB 模式是颜色相加的模式，当 RGB 都达到最大值时，三色合成便成为白色。

RGB 模式有 24 位颜色深度。它共有 4 个通道，除复合通道外的每个通道都有 8 位颜色深度。3 个通道合成在一起可生成 1 677 万余种颜色，我们也称之为"真彩色"。

**5. CMYK 模式**

CMYK 模式是用来打印或印刷的模式，它是颜色相减的模式，当 C、M、Y 三值达到最大值时，在理论上应为黑色，但实际上因颜料的关系，显现的不是黑色，而是深褐色。为弥补这个问题，加入了黑色K，组成了CMYK四色。

由于加入了黑色，CMYK共有5个通道，正因为如此，对于同一个图像文件来说，CMYK模式比RGB模式的信息量要大四分之一。

RGB模式的色域范围比CMYK模式大，因此印刷油墨在印刷过程中不能重现RGB色彩。

CMY和RGB为互补色。其中C（青色）由G（绿色）和B（蓝色）合成，没有R（红色）成分；M（洋红色）由R（红色）和B（蓝色）合成，没有G（绿色）成分；Y（黄色）由R（绿色）和G（红色）合成，没有B（蓝色）成分。

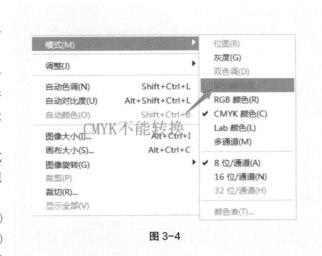

图3-4

另外，CMYK模式不能转换为索引模式，如图3-4所示。

Photoshop的大部分功能不支持CMYK模式。例如滤镜菜单中的功能，如图3-5所示，灰色表示不能使用的功能。

### 6. Lab 模式

Lab模式是一个很重要的模式，如图3-6所示，Lab模式也有3个通道，也是24位颜色深度的颜色模式。L通道是明度通道（Lightness），a通道和b通道为颜色通道。

图3-5

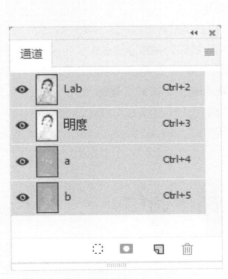

图3-6

Lab 模式的优点在于：

（1）色域范围广，就色域范围而言 Lab > RGB > CMYK。

（2）此模式下的图像是独立于设备外的，它的颜色不会因不同的印刷设备、显示器和操作平台而改变。

由于它有以上的优点，当 Photoshop 实现 RGB 模式和 CMYK 模式的互相转换时，将它作为中间模式，颜色信息就不会因这两种颜色模式的色域范围不同而丢失。

Lab 模式中，a 分量是由绿色向红色过渡的，b 分量是由蓝色向黄色过渡的。

另外，Lab 模式不能转换为索引模式，Photoshop 的大部分功能不支持 Lab 模式。

### 7. 索引颜色模式

索引颜色模式是一个很重要的模式。它是 8 位颜色深度的颜色模式，它最多只能拥有 256 种颜色。

索引颜色模式下的每一副图像都各自拥有一张颜色表，而随图像不同，颜色表也不同。这一点是至关重要的。索引颜色模式的图像信息量小，又可制成动画，所以它被广泛地用于网页制作。它可被制成透明图像在网页中使用。

图 3-7

Photoshop 几乎不支持索引颜色模式，此模式下绝大多数功能不能使用，例如滤镜全部不能使用，如图 3-7 所示。

### 8. 多通道模式

多通道模式是把含有通道的图像分割成单个的通道。

CMYK 模式转为多通道模式时，生成的通道为青色、洋红色和黄色三个通道。Lab 模式转为多通道模式时，生成 3 个 Alpha 通道。

### 9. 8 位 / 通道和 16 位 / 通道

在灰度模式、RGB 模式和 CMYK 模式下可以用每个通道 16 位深度来取代 8 位深度。那么，每个通道的颜色数从 256 剧增到 65 536，可生成更好的颜色细节。

16 位 / 通道的图像不能被打印或印刷。

## 3.2　图像调色

数码相机或手机拍摄的照片经常由于环境、曝光度等原因造成照片的效果不尽如人意，另外，在后期处理时，要根据照片的内容不同处理成不同的色调，或者加上特殊色彩效果。本节便通过大量的案例介绍对图像进行色彩调整的方法。

## 3.2.1 常用调色命令

下面简要介绍色彩调整中常用的几个调色命令。

**1. 亮度 / 对比度**

常用调色命令

亮度表示图像的明暗程度，对比度表示图像中最亮的白色区域和最暗的黑色区域之间不同明暗程度的差异。通过"亮度 / 对比度"命令，可以一次性调整图像中的所有像素，是较为简单的调整图像色调的方法。该命令对于亮度 / 对比度差异不太大的图像使用起来比较方便。

**2. 色阶**

色阶是表示图像亮度强弱的指数标准，也就是我们说的色彩指数。图像的色彩丰满度和精细度是由色阶决定的。色阶指亮度，和颜色无关。我们可以通过"色阶"命令调整图像的阴影、中间调和高光的强度级别，从而校正图像的色调范围和色彩平衡。色阶直方图用作调整图像基本色调的直观参考。

**3. 曲线**

曲线之所以会受到大众的欢迎，是因为相对于其他命令来说，其调整效果比较强烈。另外，使用"曲线"命令可以对色彩的不同明度区域分别进行调整。"曲线"命令由于可以对色彩进行细节调整，所以通常会优先被用来调色。

在曲线中有通道选择按钮，可以根据需求选择不同的通道。在 RGB 总通道下调整曲线不同区域可以改变照片明度及对比度，在分通道下调整曲线可以改变照片的色彩倾向。在 RGB 总通道下将高光区域向左移动，暗部区域向右移动，可以增加画面的对比度；单独调整中间的灰度区域可以改变画面的明暗程度，向斜上方拖曳曲线可以提亮画面，向斜下方拖曳曲线可以压暗画面。

曲线广泛用于照片整体色彩的调整。

**4. 曝光度**

曝光度是用来表示图像色调强弱的参数，通常有曝光不足、曝光正常、曝光过度 3 种情况。"曝光度"命令的弹出式对话框中有 3 个选项可以调节：曝光度、位移和灰度系数校正。"曝光度"滑块用来调整色调范围的高光端，对特别重的阴影影响不大；"位移"滑块可以调节阴影和中间调的明暗，对高光的影响不大；"灰度系数校正"可以简单地理解为调整图像整体光影的灰度。

由于调色命令很多，对图像进行调色时，通常要用到多个调色命令，也可以用多种方法实现同一种效果。下面主要通过几个小案例介绍常用的调色命令。

## 3.2.2 课堂案例——调整图像亮度 / 对比度

扫码观看
本案例视频

【案例学习目标】学习使用"亮度 / 对比度"命令对照片进行处理。

【案例知识要点】调整亮度 / 对比度。

（1）打开素材文件"ch03/素材/素材01.jpg"，如图3-8
所示。

（2）选择"图像 > 调整 > 亮度 / 对比度"命令，默认状
态下"亮度"和"对比度"的值均为0，单击"自动"按钮，"亮
度"和"对比度"的值分别被调整为21、16，如图3-9所示。
得到的效果如图3-10所示。

（3）有时候自动调整的效果并不能令人满意，可以手动
调整"亮度"和"对比度"的值。本例手动调整"亮度"和"对
比度"的数值为72、36，如图3-11所示。得到的效果如图3-12
所示。对比可以看出，手动调整的效果要好于软件的自动
调整。

图 3-8

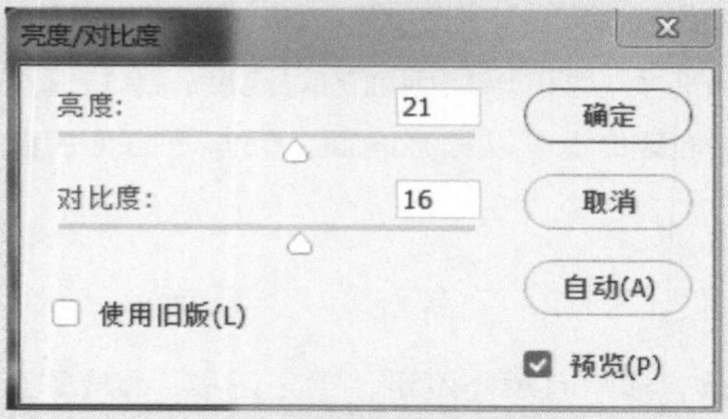

图 3-9

图 3-10

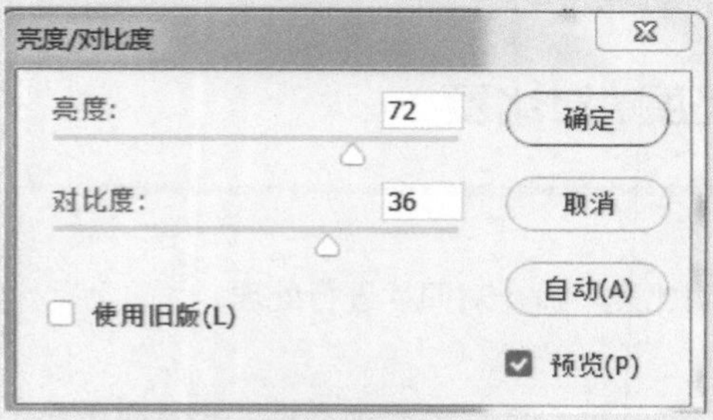

图 3-11

图 3-12

### 3.2.3 课堂案例——调整色阶

【案例学习目标】学习使用"色阶"命令对图像进行调整。

【案例知识要点】调整色阶。

（1）打开素材文件"ch03/ 素材 / 素材 02.jpg"，如图 3-13 所示。原图比较暗，对比度较低。

图 3-13

（2）选择"图像 > 调整 > 色阶"命令，在弹出的"色阶"对话框中会显示图片的输入色阶直方图。从图 3-14 中可以看到在直方图下方有黑、白、灰三个箭头，黑色箭头代表最低亮度，也叫黑场；白色箭头代表最高亮度，也叫白场；灰色的箭头就是灰场，取值范围为（0，255）。当前黑色箭头和白色箭头距离中间的直方图都较远，说明黑度和白度都不够，因此图片呈现灰蒙蒙的效果。将两端的箭头分别往中间拖曳，增加黑场的值，减小白场的值，如图 3-15 所示，得到的效果如图 3-16 所示。

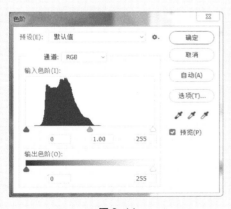

图 3-14

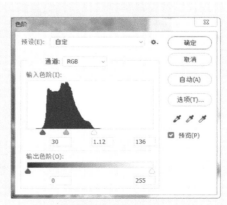

图 3-15

图 3-16

### 3.2.4　课堂案例——利用"曲线"命令调整图像整体色彩

扫码观看
本案例视频

【案例学习目标】学习使用"曲线"命令对图像进行调整。

【案例知识要点】调整曲线。

（1）打开素材文件"ch03/ 素材 / 素材 03.jpg"，如图 3-17 所示。

（2）选择"图像 > 调整 > 曲线"命令，如图 3-18 所示。

图 3-17

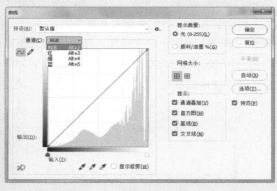

图 3-18

（3）选择通道中的"红"通道，即 R 通道。R 通道曲线提升，整个画面红色的色值就会增加，整个画面呈现偏红现象，如图 3-19 所示。反过来将 R 通道的曲线中点向斜下方调整，此时照片中红色的色值减少，画面会呈现偏青色的现象，如图 3-20 所示。

（4）用相同的办法，再选择"绿"通道，此通道代表的是绿色的色值。当向斜上方提升曲线时，画面会偏绿；反之会呈现偏洋红的现象。

图 3-19                                        图 3-20

（5）选择"蓝"通道，向斜上方提升曲线得到偏蓝色的效果，反之得到偏黄色的效果。从上述调整中我们可以总结出曲线调整的规律：减红加青、减绿加洋红、减蓝加黄，即三原色的互补原理。

（6）选择"RGB"通道，在曲线上按住鼠标左键不放进行拖曳，调整曲线的弧度，可以改变图像的亮度和对比度，如图 3-21 和图 3-22 所示。如果将曲线往斜上方调整，如图 3-23 所示，图像的亮度和对比度会相应提高。

图 3-21                                        图 3-22

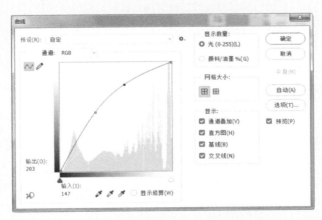

图 3-23

## 3.2.5　课堂案例——利用"曝光度"命令调整发黑的照片

【案例学习目标】学习使用"曝光度"命令调整曝光不足的照片。

【案例知识要点】调整曝光度。

（1）打开素材文件"ch03/ 素材 / 素材 04.jpg"，如图 3-24 所示。

（2）选择"图像 > 调整 > 曝光度"命令，调整"曝光度"的值为 +2.83，其他参数如图 3-25 所示，得到的效果图如图 3-26 所示。

图 3-24　　　　　　　　　　　　　　　图 3-25

图 3-26

## 3.2.6　其他调色命令

除上述常用调色命令之外，Photoshop 中还有其他调色命令。通过这些命令，可以对图片进行反相、设置阴影 / 高光、调整局部颜色及增加 HDR 色调等色彩调整。

其他调色命令

**1.　反相**

反相就是图像的颜色色相反转，通俗来讲就是黑色变白、白色变黑、红色变蓝、蓝色变红……"反相"命令通常不会单独使用，大多数情况下会结合通道使用。

"反相"命令可以反转图像中的颜色，如图 3-27 所示。

（a）原图　　　　　　　　　　　　　　　（b）效果图

图 3-27

### 2. 阴影 / 高光

　　"阴影 / 高光"命令可以对曝光不足或曝光过度的照片进行修正。"阴影 / 高光"与"亮度 / 对比度"不同，对图像使用"亮度 / 对比度"命令后会损失细节，而使用"阴影 / 高光"命令加亮阴影时损失的细节少，如果调整合适，还会增加阴影里的细节。"阴影 / 高光"命令在修正曝光过度问题时也同样有效。图 3-28 为使用"阴影 / 高光"命令修复局部曝光不足图片前后的效果对比，具体参数图 3-29 所示。

（a）原图　　　　　　　　　　　　　　　（b）效果图

图 3-28

### 3. 色相 / 饱和度

　　色相指的是色彩的相貌特征。改变色相就可以很容易地改变色彩。使用"色相 / 饱和度"命令，在弹出的"色相 / 饱和度"对话框中调整"色相"滑块即可调整色彩，其取值范围为（-180，180），正好是一个 360° 的角度范围，所以色相的调整是基于色相环进行的。

　　饱和度指的是色彩的鲜艳程度，也就是色彩的纯度。向右移动"饱和度"滑块，即可增加某种颜色的鲜艳程度，反之则降低某种颜色的鲜艳程度。移动"饱和度"滑块的同时，下方的色谱也会跟着改变。滑块移至最左端的时候，图像就变为灰度图像了。对灰度图像改变色相是没有作用的。

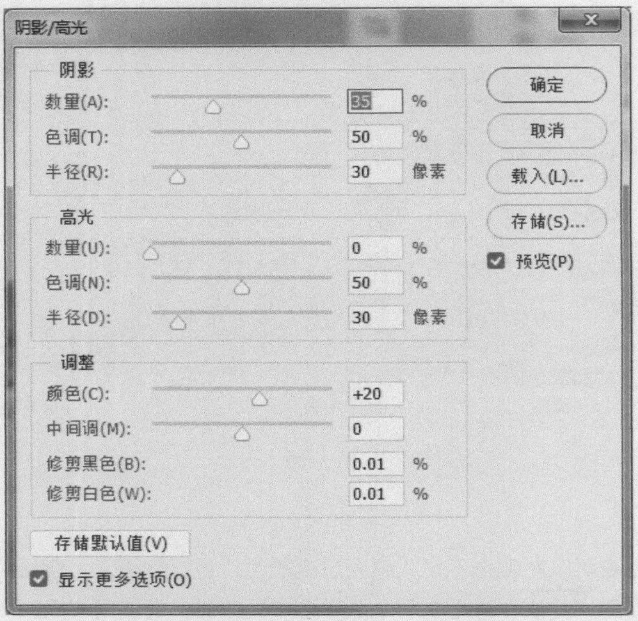

图 3-29

明度指的是色彩的明暗变化，也就是亮度。将明度调至最低，图像会变为黑色；调至最高，图像会变为白色。对黑色和白色图像改变色相或饱和度都没有效果。

色相 / 饱和度也对颜色进行了分区，意味着当选择一种颜色进行调整时，只有画面中包含此颜色的部分才会有变化，其余颜色不会发生变化，这样就可以单独地调整画面的每一种颜色。

对图 3-30（a）所示图像使用"色相 / 饱和度"命令调色，调整后的图像色彩效果如图 3-30（b）所示，参数如图 3-31 所示。

（a）原图                （b）效果图

图 3-30

#### 4. 自然饱和度

自然饱和度与饱和度不同。调整自然饱和度只会调整未达到饱和的颜色的饱和度，而调整饱和度则会调整整个图像的饱和度。调整饱和度可能会导致图像颜色过于饱和或使图像变为灰度图像，而调整自然饱和度不会出现这种问题。

例如，我们将图 3-32（a）所示图像的自然饱和度提高至 100，颜色也没有过度饱和，花朵中心的细节依旧存在。我们把图像的自然饱和度降低至 -100，图像也没有变成灰度图，而是仍然保留了一定的色彩。这就是自然饱和度和饱和度的区别。图 3-32 所示为原图与将自然饱和度降低至 -100 时的效果对比，图 3-33 是具体参数设置。

调整风光类照片的时候，可以更多地通过"自然饱和度"命令去调整画面的色彩，这样不容易出现过度饱和的问题。

图 3-31

（a）原图　　　　　　　　　　　（b）效果图

图 3-32

图 3-33

### 5. 色彩平衡

通过对图像的色彩平衡处理，可以校正图像色偏、过饱和和饱和度不足的问题，也可以根据自己的喜好和制作需要，调制需要的色彩，更好地完成画面效果。使用"色彩平衡"命令调整前后的图像效果对比如图 3-34 所示，图 3-35 为具体的参数设置。

（a）原图 （b）效果图

图 3-34

### 6. 可选颜色

如图 3-36 所示，在"可选颜色"对话框中，除对颜色进行了区分，还针对图像的高光（白色）、中间调（中性色）及暗部（黑色）进行了区分。选择原图中想要调整的颜色，若想调整红色，那就选择红色进行调整，调整时其他颜色则不会发生变化，但其本质依据的还是色彩的互补原理。

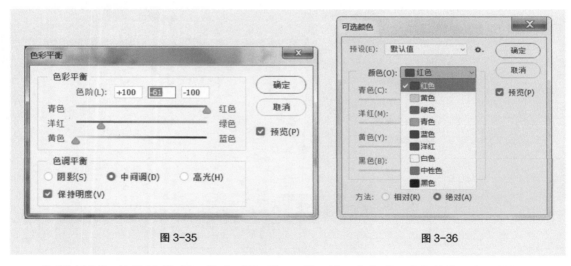

图 3-35 图 3-36

"可选颜色"对话框中的"相对"与"绝对"："相对"是根据整个参数的总量来计算的。例如，从 50% 红色开始添加 10% 红色，则红色将添加 5%（50%×10%=5%），结果为 55% 红色。而"绝对"是改变数值后，直接将这些数值添加到颜色中，是根据单独数值计算的，如果从 50% 红色开始添加 10% 红色，则结果为 60% 红色。

### 7. HDR 色调

"HDR 色调"命令可用来修补太亮或太暗的图像，制作出高动态范围的图像效果。

选择"图像 > 调整 > HDR 色调"命令，弹出如图 3-37 所示的对话框，在预设的下拉列表中可以看到有各种不同的预设效果，如图 3-38 所示。选择"逼真照片"预设效果，并对对话框中的各项参数进行调整，原图和得到的效果图对比如图 3-39 所示。

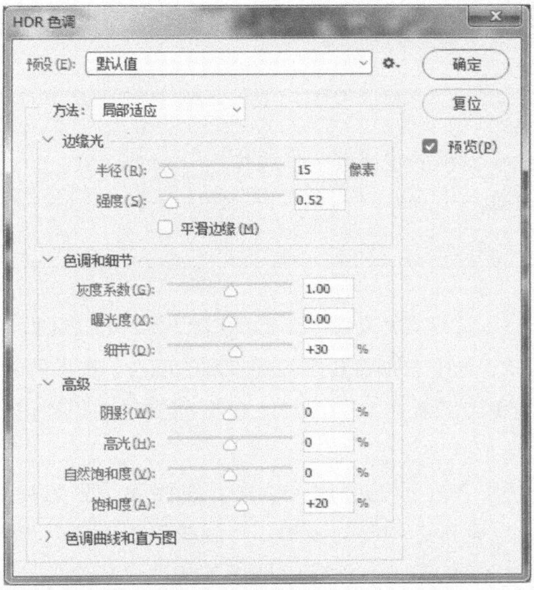

图 3-37

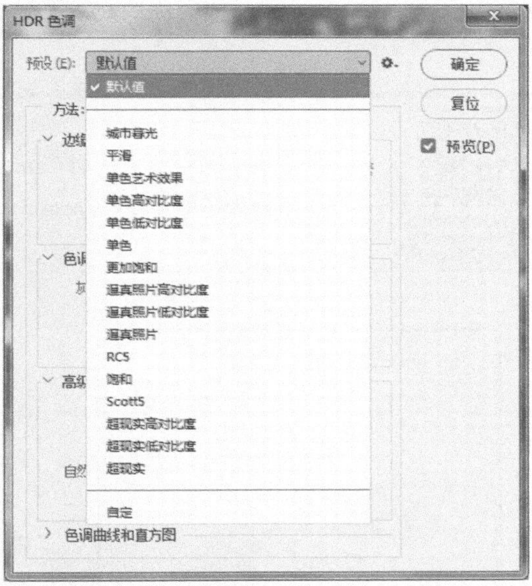

图 3-38

（a）原图　　　　　　　　　　　　　（b）效果图

图 3-39

另外，还可通过"照片滤镜""渐变映射""黑白"等命令对图像的色调进行调整，由于篇幅所限，不再一一讲解。

# 3.3　Camera Raw 滤镜

Camera Raw 是 Photoshop 自带的滤镜插件，安装 Photoshop 软件时会提示安装或自动安装该插件。当用 Photoshop 软件打开 RAW 格式的图片时，首先打开的就是 Camera Raw 滤镜。

在拍摄大环境的照片时，以高光或阴影区域为准进行测光，容易产生曝光不足或曝光过度的问题，此时往往需要拍摄 RAW 格式的照片。

对同一个场景进行连拍的照片可以用同步来实现批量处理。同步是指将某张照片的调整参数完全复制到其他照片中，常用于对拍摄的系列照片做统一、快速的处理，从而提高工作效率。

## 3.3.1 课堂案例——同步修改多张照片

【案例学习目标】使用 Camera Raw 滤镜同步修改多张照片。

【案例知识要点】Camera Raw 滤镜。

（1）打开素材文件"ch03/素材/素材 05.CR2"。

（2）选中一张将要作为同步源的照片。在本例中，作为同步源的是第一张照片。根据需要对该照片进行调色。

（3）在左侧的照片列表中，选择第 1 张照片并单击，以确认选中该同步源，然后按"Ctrl+A"组合键选中所有的照片。注意：如果不想选中所有照片，可以按住"Shift"键单击，以选中连续的照片；也可以按住"Ctrl"键单击，以选中不连续的照片。但一定要选中作为同步源的第一张照片，否则同步时会出现错误，如图 3-40 所示。

（4）按"Alt+S"组合键，或单击照片列表顶部的按钮，在弹出的菜单中选择"同步设置"命令，如图 3-41 所示。在弹出的对话框中设置参数，以确定要同步的参数，本例使用默认的参数设置即可，如图 3-42 所示。

（5）单击"确定"按钮即可完成同步操作。通过同步处理的照片，未必每张都能得到最佳的效果，因此在同步后，可以分别观察各张照片的效果，若有不满意的，可以单独对其做进一步的调整处理，直至满意为止。

图 3-40

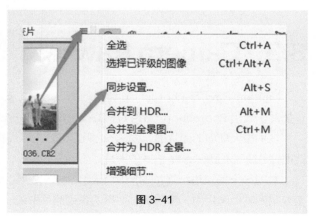

图 3-41

## 3.3.2　RAW 格式概述

RAW 格式，即"原始图像存储格式"，是追求影像品质最理想的拍摄格式。

RAW 是专业摄影师常用的格式，因为它能原原本本地保存信息，让用户能大幅度对照片进行后期处理，如调整白平衡、曝光程度、颜色对比等，也特别适合新手补救拍摄失败的照片，而且无论在后期处理时有什么改动，照片也能无损地恢复到最初状态，不怕因意外存储而损失照片。使用 RAW 格式还有一个好处是可以修正镜头失光、变形等，例如可以通过佳能 DPP 软件修正 RAW 格式的照片。

不同的相机制造商会采用不同的编码方式来编写 RAW 数据，因此不同的制造商对各自的 RAW 文件采用不同的文件扩展名，如 Nikon 为 NEF、PENTAX 为 PNF、SONY 为 ARW，3.3.1 小节中素材文件的扩展名 CR2 即为 Canon 相机的 RAW 文件扩展名。

图 3-42

## 3.3.3　认识 Camera Raw 的工作界面

Camera Raw 滤镜工作界面的功能一目了然，最上面一栏是工具栏，其下为预览窗口，右侧选项卡集成了基本、色调曲线、细节、HSL 调整、分离色调、镜头校正、效果、校准、预设等功能选项，每一个选项卡下又对应很多子选项卡，用户可以根据自己的需求实时调整各项参数，如图 3-43 所示。

图 3-43

### 1. 打开和保存照片

打开和保存 RAW 格式照片的方式和普通照片有所不同，下面进行详细介绍。

（1）打开照片。Camera Raw 能够自动识别众多的 RAW 格式照片，因此用户只需要在 Photoshop 中打开 RAW 格式照片，就会自动启动 Camera Raw。具体操作方法为按"Ctrl+O"组合键或选择"文件 > 打开"命令，在弹出的对话框中选择要处理的 RAW 格式照片，并单击"打开"按钮即可。

（2）保存照片。在调整好照片后，单击"完成"按钮，即可保存对照片的处理。在默认情况下，会生成与照片同名的 xmp 文件，如图 3-44 所示，该文件保存了所有 Camera Raw 修改照片的参数，因此一定要保证该文件与 RAW 照片的名称相同。若 xmp 文件被重命名或删除，则对照片所做的修改也全部丢失。

### 2. Camera Raw 工具栏

图 3-45 是 Camera Raw 的工具栏样式。

图 3-44　　　　　　　　　　　　　　　　　　　　图 3-45

下面简要介绍一下各个工具的用法。

（1）缩放工具：可以放大或缩小图像，使用鼠标左键在图像上框选部分区域，可实现对该区域的缩放，单击鼠标右键可以选择放大倍数。

（2）抓手工具：可以在面板中移动图像。

（3）白平衡工具：使用此工具在图像中单击，即可基于当前选区的颜色，调整整个图像的白平衡。

（4）颜色取样器工具：用于对图像中指定区域的颜色取样，并将其颜色信息保留至取样器。

（5）目标调整工具：用于调整图像的色调，包括曲线色调、色相、明度、饱和度及灰度色调。通过在图像中拖曳，即可调整图像的色调属性。

（6）污点去除工具：用于去除图像中的污点瑕疵，也可复制指定的图像到其他区域，以修复图像。

（7）红眼去除工具：用以去除由于较暗环境下开启闪光灯拍摄所导致的人物红眼现象，以修复人物的眼睛。

（8）调整画笔工具：通过在图像中涂抹确定调整范围，然后可以在右侧的"调整画笔"面板中设置相关参数，以调整对应区域的曝光、色彩及细节等属性。

（9）渐变滤镜工具：通过在图像中拖曳鼠标光标以创建线性渐变控件，然后在右侧的"渐变滤镜"面板中调整图像的色调和细节。

（10）径向滤镜工具 ○：此工具与渐变滤镜工具的功能基本相同，只是此工具绘制的是圆形渐变，用以调整相应形态的区域。

### 3. Camera Raw 选项卡

在默认情况下，Camera Raw 右侧的调整面板包含 9 个选项卡，如图 3-46 所示，从左到右依次是基本、色调曲线、细节、HSL 调整、分离色调、镜头校正、效果、校准和预设，用于调整图像的色调和细节。

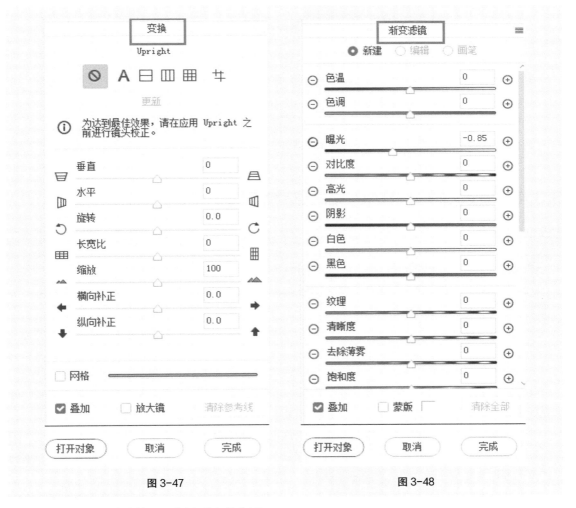

图 3-46

在选择部分工具时，也会在此区域显示相关的参数，如图 3-47 和图 3-48 所示。

图 3-47

图 3-48

下面分别介绍默认情况下各选项卡的作用。

（1）基本：用于调整照片的色温、色调、曝光、对比度、高光、阴影、白色、黑色、纹理、清晰度、去除薄雾、自然饱和度、饱和度等属性。

（2）色调曲线：用于以曲线的方式调整照片的曝光与色彩，可采用"参数"或"点"的方式进行编辑。当选择"点"子选项卡时，编辑方法与 Photoshop 中的"曲线"命令基本相同。

（3）细节：用于锐化照片细节及减少图像中的杂色。

（4）HSL 调整：对色相、饱和度和明度中的各颜色成分进行微调，也可将照片转换为灰度模式。

（5）分离色调：分别对高光范围和阴影范围的色相 / 饱和度进行调整。

（6）镜头校正：用于调整由于镜头原因导致的扭曲和镜头晕影等问题。

（7）效果：用于模拟胶片颗粒或应用裁切后晕影。

（8）校准：将相机配置文件应用于原始照片，用于调整色调和非中性色。

（9）预设：将多组图像调整存储为预设。

接下来通过一个案例讲解 Camera Raw 的基础操作。主要是使用"基本"选项卡中的参数，如图 3-49 所示，对照片的高光和暗调区域分别进行校正，并适当修饰。这也是调修 RAW 照片时，最基础最常用的技术与方法。

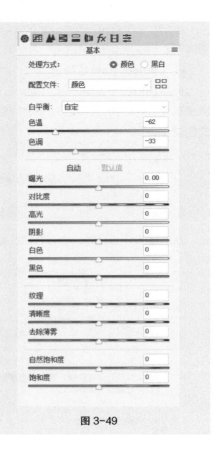

图 3-49

### 3.3.4　课堂案例——RAW 格式照片处理

扫码观看
本案例视频

【案例学习目标】使用 Camera Raw 软件对相机中的照片进行简单处理。

【案例知识要点】掌握 Camera Raw 滤镜的基本功能。

（1）打开素材文件"ch03/ 素材 / 素材 05.CR2"，如图 3-50 所示，启动 Camera Raw 软件。

（2）分析、观察原图，发现当前照片暗部占比更大一些，而且存在曝光不足的问题，原图整体显得比较暗，特别是人物背光不清晰，需要把暗部提亮、高光压暗、对比度增加。

（3）选择"基本"选项卡，拖曳"高光"滑块至 -100，使天上的白云显现出来；分别拖曳"阴影"和"黑色"滑块至 35，以显示出暗部的细节；拖曳"对比度"滑块至 25，使对比度加大，增加清晰度。通过这样的处理，照片暗部已经基本校正完毕，如图 3-51 所示。

（4）继续处理高光区域的细节。在"基本"选项卡中分别拖曳"高光"和"白色"滑块至 -100，如图 3-52 所示，以显示高光区域的细节。这一操作可以对照片暗部及高光区域进行校正处理。

图 3-50

图 3-51

图 3-52

（5）调整后的照片显得有些对比度不足，且色彩偏灰暗，需要对其进行校正处理。继续在"基本"选项卡中调整"对比度"值为 70，如图 3-53 所示，以提高照片的对比度及色彩的饱和度。

图 3-53

（6）设置同步。将第一张图片作为批量调色中同步的源，按住 Shift 键的同时单击其他图片，选中需要同步的照片，按"Alt+S"组合键或者单击菜单选择"同步设置"命令，如图 3-54所示。

图 3-54

（7）在弹出对话框中单击"确定"按钮，同步完成，所有照片同步批处理完成。如有需要，可以单独对同步完成的照片调整。

# 3.4 课后习题——海景照片调色

素材位置："ch03/ 素材 / 素材 06.jpg"。

设计要求：将图 3-55 所示照片调整成不同的风格，如黑白照片、蔚蓝天空、夕阳西下等效果。

效果展示："ch03/ 效果 / 海景照片调色效果 1.jpg、海景照片调色效果 2.jpg、海景照片调色效果 3.jpg"，如图 3-56 所示。

扫码观看
本案例视频

图 3-55

（a）黑白照片

（b）蔚蓝天空

（c）夕阳西下

图 3-56

# 04

# 第 4 章

# 图层应用

▶ **本章导读**

在 Photoshop 中，几乎所有的操作都是在图层中完成的。使用图层功能，可以将图像不同的部分放置到不同的图层中，从而可以方便地修改和编辑图像。掌握图层的操作，是学习 Photoshop 的基础和重点之一。本章首先介绍图层的基础知识和基本应用，接着讲解图层样式、图层蒙版和图层编组等图层相关知识。

**知识目标**
- 了解图层的结构和类型
- 了解图层样式、图层蒙版和图层编组
- 掌握图层的基本应用

**技能目标**
- 掌握图层的基本操作
- 学会添加和编辑图层样式

图层应用

通俗地理解，图层就像含有文字或者图形等元素的"透明玻璃"，每一片"透明玻璃"就是一个图层。上面的图层在前，下面的图层在后，一个个图层按照顺序叠放在一起就可以形成最终图像效果。

以图 4-1 所示的图像为例，打开素材文件"ch04/ 素材 / 素材 01.psd"，其图层排列如图 4-2 所示。每个图层就好似一片透明的"玻璃"，而图层内容就画在这些"玻璃"上，如果"玻璃"

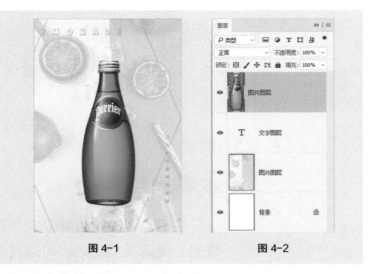

图 4-1              图 4-2

上什么都没有，那就是个完全透明的空图层，当各层"玻璃"上都有图像时，自上而下俯视所有图层，可以看到图像的显示效果。

### 4.1.1  图层的类型

图层大致可以分为普通图层、背景图层、智能图层、文字图层等类型，如图 4-3 所示。通过对图层添加图层样式或蒙版，图层又可以显示为图 4-4 所示的填充图层、调整图层、链接图层、矢量蒙版图层、剪贴蒙版图层等。不同的图层在"图层"面板中显示的外观也不一样。

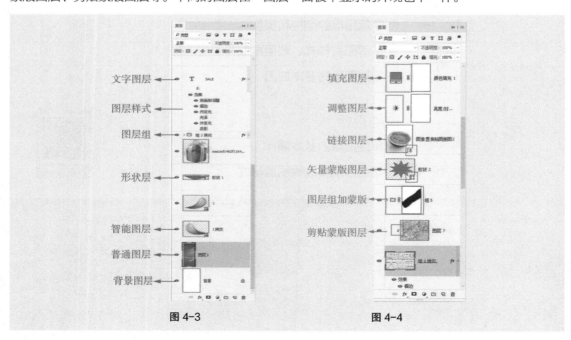

图 4-3                    图 4-4

## 4.1.2 "图层"面板

"图层"面板承载了Photoshop中几乎所有的常用图层命令及操作。"图层"面板的功能非常强大，操作却非常简单。使用"图层"面板，可以快速地对图层进行新建、复制及删除等操作。按F7键或者执行"窗口 > 图层"命令，即可显示"图层"面板，其功能分区如图4-5所示。

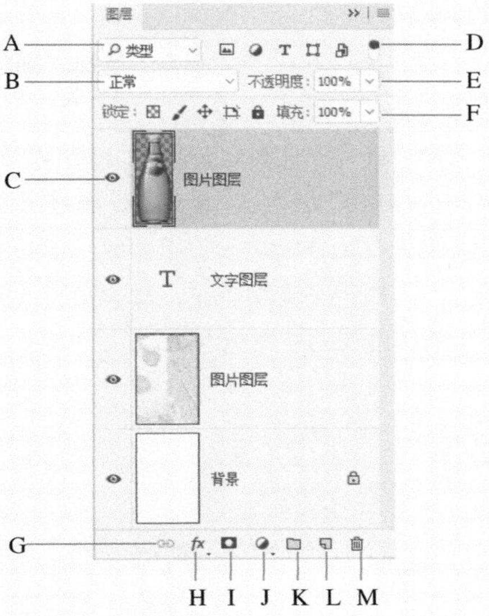

● A 选取滤镜类型：根据不同的图层类型搜索图层。

● B 设置图层的混合模式：不同的混合模式决定这个图层与其他图层叠合在一起的效果。

● C 指示图层可见性：图层显示或者隐藏。

● D 打开或关闭图层过滤：用来打开或关闭A选取的滤镜类型选项，当处于关闭状态时，A 处于灰色不可选状态。

● E 设置图层的总体不透明度：图层的全部不透明度。

图 4-5

● F 设置图层的内部不透明度：每个图层的填充不透明度。

● G 链接图层：可以链接两个或者两个以上的图层。

● H 添加图层样式：在下拉菜单中选择一种图层效果应用于本图层。

● I 添加图层蒙版：单击按钮可创建一个图层蒙版，用来修改图层内容。

● J 创建新的填充或调整图层：单击按钮可在下拉菜单中选择一个填充图层或者调整图层。

● K 创建新组：两个以上的图层可以编为一组。

● L 创建新图层：单击可以创建一个新图层。

● M 删除图层：单击可以删除当前所选图层。

## 4.1.3 图层基本应用

### 1. 新建图层

常用的新建图层的操作方法如下。

（1）使用按钮创建图层。

单击"图层"面板底部的"创建新图层"按钮，可直接创建一个 Photoshop 默认的新图层，这也是新建图层最常用的方法。

用此方法新建图层时，如果需要改变默认值，可以按住 Alt 键，同时单击"创建新图层"按钮，然后在弹出的对话框中进行修改。

（2）通过复制和剪切新建图层。

选择"图层 > 新建 > 通过拷贝的图层"（组合键为"Ctrl+J"）或"图层 > 新建 > 通过剪切的图层"（组合键为"Ctrl+Shifi+J"）命令新建图层。

● 在没有任何选区的情况下，选择"图层 > 新建 > 通过拷贝的图层"命令，可以复制当前选中的图层。

● 在有选区存在的情况下，选择"图层 > 新建 > 通过拷贝的图层"命令，可以将当前选区中的图像复制到一个新的图层中。

● 在有选区存在的情况下，选择"图层 > 新建 > 通过剪切的图层"命令，可以将当前选区中的图像剪切至一个新的图层中。

例如，我们打开素材文件"ch04/ 素材 / 素材 02.jpg"，使用快速选择工具选中图中的荷花，然后按下"Ctrl+J"组合键，或使用"通过拷贝的图层"命令，此时的"图层"面板将如图 4-6（a）所示。

若按下"Ctrl+Shift+J"组合键，或使用"通过剪切的图层"命令，则"图层"面板将如图 4-6（b）所示。由于执行了剪切操作，背景图层上的荷花图像被删除，并使用当前所设置的背景色进行了填充（当前所设置的背景色为白色）。

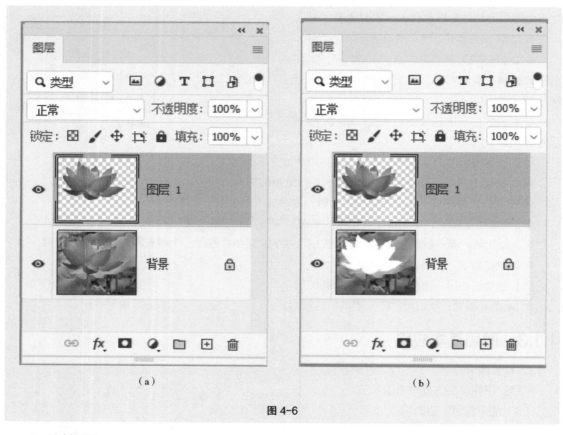

（a）　　　　　　　　　　　　　　（b）

图 4-6

## 2. 选择图层

选择图层的方法如下。

（1）在"图层"面板中选择图层。

要选择某图层，可以在"图层"面板中单击该图层的名称，效果如图 4-7（a）所示。当某图层处于被选择的状态时，文件窗口的标题栏中将显示该图层的名称。另外，选择移动工具，在画布中单击鼠标右键，可以在弹出的快捷菜单中选择当前单击位置处的图像所在的图层，如图 4 - 7（b）所示。

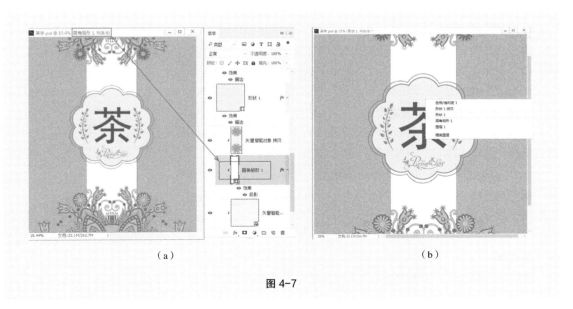

（a）

（b）

图 4-7

（2）选择多个图层。

同时选择多个图层的方法如下。

● 如果要选择连续的多个图层，在选择一个图层后，按住 Shift 键的同时在"图层"面板中单击另一图层的图层名称，则两个图层间的所有图层都会被选中。

● 如果要选择不连续的多个图层，在选择一个图层后，按住 Ctrl 键的同时在"图层"面板中单击另一图层的图层名称。

通过同时选择多个图层，可以一次性对这些图层进行复制、删除、变换等操作。图层选择的方法也适用于图层组选择。

### 3. 显示或隐藏图层

在图层前面有个眼睛图标，眼睛图标表示图层处于显示状态。单击该处，眼睛图标会消失而变为空白框，此时隐藏该图层；再次单击该处，可重新显示图层，如图 4-8 所示。显示或隐藏图层的方法也适用于图层组和图层样式。

图 4-8

#### 4. 调整图层顺序

图层中的图像具有上层覆盖下层的特性。调整图层顺序的操作方法非常简单，在"图层"面板中按住鼠标左键向上或者向下拖曳图层即可。

#### 5. 在同一图像文件中复制图层

在同一图像文件中，可以对单个图层或多个图层进行复制操作。复制图层的方法有多种，常用的有以下3种。

（1）选择需要复制的一个或多个图层，将图层拖曳至"图层"面板底部的"创建新图层"按钮上即可复制图层，如图4-9所示。

（2）选中要复制的图层，然后在菜单栏中选择"图层 > 复制图层"命令，弹出"复制图层"对话框，单击"确定"按钮复制图层。本操作中使用的命令也存在于"图层"面板菜单或右键快捷菜单中。

（3）在当前不存在选区的情况下，按"Ctrl+J"组合键可以复制当前选中的图层。该操作仅在复制单个图层时有效。

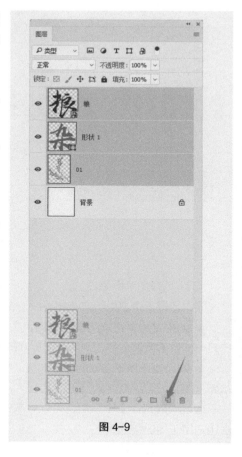

#### 6. 在不同图像间复制图层

在不同图像间复制图层，常用以下3种方法。

（1）在文件之间拖曳。选择移动工具，从原图像中直接拖曳需要复制的图层到目标图像中。

图 4-9

（2）使用复制图层命令。打开两个图像文件。首先选择要复制的图层；然后在菜单栏中选择"图层 > 复制图层"命令，弹出"复制图层"对话框；接着在对话框中"目标设置组"文档"选项下选择目标文件；最后单击"确定"按钮复制图层。本操作中使用的命令也存在于"图层"面板菜单或右键快捷菜单中。

（3）使用组合键复制图层。首先在原图像的"图层"面板中选择要复制的图层，按"Ctrl+A"组合键全选图层（或者创建选区以选中需要复制的图像区域）；然后按"Ctrl+C"组合键进行复制操作；最后激活目标图像，按"Ctrl+V"组合键进行粘贴操作。

#### 7. 图层重命名

在 Photoshop 中新建图层，系统会默认将图层命名为"图层1""图层2"，以此类推。要改变图层的默认名称可以双击图层缩览图右侧的图层名称，此时该名称变为可键入状态，如图4-10所示，输入新的图层名称后，单击图层缩览图或者按"Enter"键确认。

或者先在"图层"面板中选择要重新命名的图层，然后选择"图层 > 重命名图层"命令，此时该名称变为可键入状态，输入新的图层名称后，单击图层缩览图或者按"Enter"键确认。

#### 8. 快速选择图层中的非透明区域

按住"Ctrl"键的同时单击非"背景"图层的缩略图，即可选中该图层的非透明区域，如图4-11所示。除了使用这种方法外，还可以在"图层"面板中，该图层的缩览图上单击鼠标右键，在弹出的快捷菜单选择"选择像素"命令，得到非透明选区。

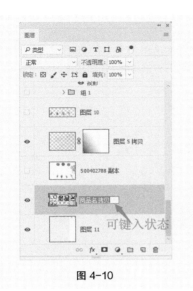

图 4-10

按 "Ctrl" 键
同时单击缩略图

图 4-11

#### 9. 删除图层

删除无用的或者临时的图层有利于降低文件所占的存储空间。在"图层"面板中可以根据需要删除任意图层，但在"图层"面板中最终至少要保留一个图层。

删除图层的方法主要有以下 4 种。

● 在当前图像中不存在选区或者路径的情况下，按"Delete"键删除当前选中的图层。

● 单击"图层"面板底部的"删除图层"按钮，在弹出的提示对话框中单击"是"按钮删除所选图层。

● 在"图层"面板中选择需要删除的图层，并将其拖曳至"图层"面板底部的"删除图层"按钮上进行删除。

● 如果要删除处于隐藏状态的图层，可以执行"图层 > 删除 > 隐藏图层"命令，在弹出的提示对话框中单击"是"按钮。

#### 10. 图层过滤

在 Photoshop 中可以利用图层类型、名称、混合模式及颜色等属性，对图层进行过滤及筛选，从而便于用户快速查找、选择及编辑不同属性的图层。要执行图层过滤操作，可以在"图层"面板左上角的"类型"下拉列表中选择图层过滤的条件，也可以根据需要单击过滤器按钮，如图 4-12 所示。

若要关闭图层过滤功能，则可以单击过滤器按钮右侧的红色向上的按钮，使其变为灰色向下，如图 4-13 所示。

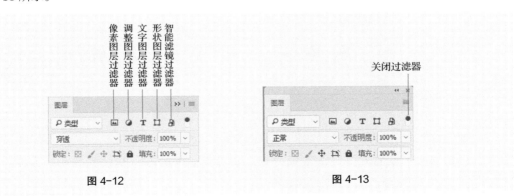

图 4-12

图 4-13

### 11. 对齐图层

在选中两个或更多个图层后，选择"图层 > 对齐"命令的子菜单命令，如图 4-14 所示，或单击移动工具选项栏上的各个对齐按钮，如图 4-15 所示，可以将所有选中的图层对齐。

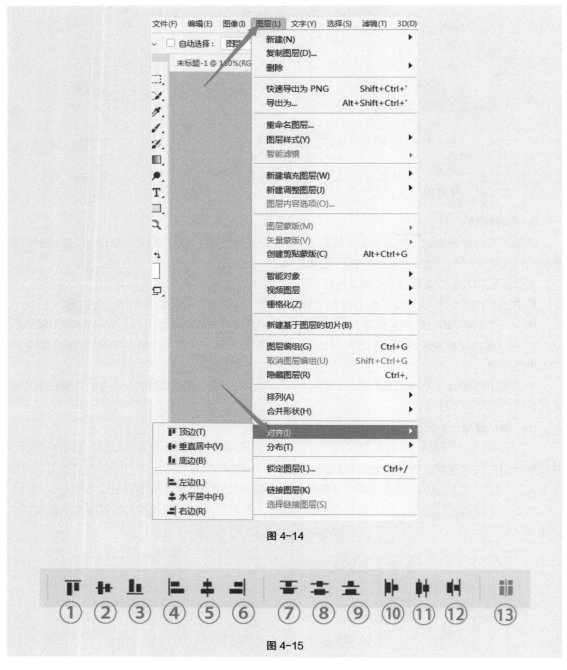

图 4-14

图 4-15

移动工具选项栏上的对齐按钮依次为：①顶对齐；②垂直居中对齐；③底对齐；④左对齐；⑤水平居中对齐；⑥右对齐；⑦按顶分布；⑧垂直居中分布；⑨按底分布；⑩按左分布；⑪水平居中分布；⑫按右分布；⑬自动排列。

**12. 合并图层**

图像所包含的图层越多，所占用的计算机空间就越大，可以将不用的图层合并起来以节省系统资源。对于需要随时修改的图像，不要合并其图层，或者保留备份文件后再进行合并操作。

（1）向下合并图层。向下合并图层是指合并两个相邻的图层。要完成这项操作，可以先将位于上面的图层选中，然后执行"图层 > 向下合并"命令（组合键为"Ctrl+E"）。

（2）合并可见图层。合并可见图层是将所有未隐藏的图层合并在一起。要完成此操作，可以执行"图层 > 合并可见图层"命令（组合键为"Shift+Ctrl+E"）。

（3）拼合图像。执行"图层 > 拼合图像"命令可以合并"图层"面板中所有可见的图层，此时如果文档存在隐藏图层，则会弹出"要扔掉隐藏图层吗？"对话框，如果单击"确定"按钮则会自动删除隐藏图层，并将可见图层合并至背景图层。

以上操作中使用的命令也存在于"图层"面板菜单或右键快捷菜单中。

# 4.2 图层样式

通过图层样式能够简单快捷地制作出各种立体投影、质感及光景效果。图层样式被广泛地应用于各种效果制作当中，主要体现在以下几个方面。

（1）通过不同的图层样式选项设置，可以方便地模拟出各种效果。这些效果利用传统的制作方法制作会比较复杂或是难以实现。

（2）图层样式可以被应用于各种普通的、矢量的和特殊属性的图层上，不会受图层类别的限制。

（3）图层样式具有极强的可编辑性，会随文件一起保存，可以随时对其进行参数选项的修改。

（4）图层样式可以在图层间进行复制、移动，也可以存储为独立的文件，提高工作效率。

读者只有在应用过程中积累经验才能准确迅速地判断出对图层样式的操作所要进行的选项设置。

## 4.2.1 图层样式的分类

图层样式主要分为以下 10 类。

（1）投影：将为图层上的对象、文本或形状添加阴影效果。投影参数包括"混合模式""不透明度""角度""距离""扩展"和"大小"等，通过这些参数的设置可以得到需要的效果。

（2）内阴影：将在对象、文本或形状的内边缘添加阴影，让图层产生一种凹陷外观。内阴影效果对文本对象的效果更佳。

（3）外发光：将从图层对象、文本或形状的边缘向外添加发光效果，从而使对象、文本或形状更精美。

（4）内发光：将从图层对象、文本或形状的边缘向内添加发光效果。

（5）斜面和浮雕：在"样式"下拉菜单中选择不同的命令，将为图层添加高亮显示和阴影的各种组合效果。不同命令解释如下。

● 外斜面：沿对象、文本或形状的外边缘创建三维斜面。

● 内斜面：沿对象、文本或形状的内边缘创建三维斜面。

● 浮雕效果：创建外斜面和内斜面的组合效果。

● 枕状浮雕：创建内斜面的反相效果，使对象、文本或形状呈下沉效果。

● 描边浮雕：只适用于描边对象，即在应用描边效果时描边浮雕才有效。

（6）光泽：将对图层对象内部应用阴影效果，与对象的形状互相作用，通常创建规则波浪形状，产生光滑的磨光及金属效果。

（7）颜色叠加：将在图层对象上叠加一种颜色，即用纯色填充应用样式的对象。单击"设置叠加颜色"选项，可以通过弹出的"拾色器（叠加颜色）"对话框选择任意颜色。

（8）渐变叠加：将在图层对象上叠加一种渐变颜色，即用渐变颜色填充应用样式的对象。通过"渐变编辑器"可以选择使用其他的渐变颜色。

（9）图案叠加：将在图层对象上叠加图案，即用一致的重复图案填充对象。通过"图案拾色器"可以选择其他的图案。

（10）描边：使用颜色、渐变颜色或图案描绘当前图层上的对象、文本或形状的轮廓。对于边缘清晰的形状（如文本），这种样式效果明显。

## 4.2.2　图层样式相关操作

### 1. 显示或隐藏图层样式

图层样式是应用在图层对象上的效果，与图层保持独立的显示状态。4.1.3 小节已介绍过显示或隐藏图层的方法，该方法也适用于显示或隐藏图层样式。对图层样式来说，此类操作又分为显示或隐藏某一个图层样式与显示或隐藏所有图层样式两种。

要隐藏某一个图层样式，可以在"图层"面板中单击其左侧的眼睛图标，也可以在按住 Alt 键的同时单击"添加图层样式"按钮，在弹出的菜单中选择隐藏图层样式的命令。要隐藏某一个图层的所有图层样式，可以单击"图层"面板中该图层下方"效果"左侧的眼睛图标。

### 2. 复制、粘贴图层样式

如果两个图层需要设置相同的图层样式，可以通过复制与粘贴图层样式以减少重复性工作。

按住"Alt"键的同时，用鼠标将图层样式直接拖曳至目标图层中，即可直接复制图层样式。若拖曳的是"效果"，则复制所有图层样式；若拖曳的是某一个图层样式，则只复制该图层样式。也可按以下步骤复制图层样式。

（1）在"图层"面板中选择包含要复制的图层样式的图层。

（2）在图层上单击鼠标右键，在弹出的快捷菜单中选择"拷贝图层样式"命令。

（3）在"图层"面板中选择需要粘贴样式的图层。

（4）在图层上单击鼠标右键，在弹出的快捷菜单中选择"粘贴图层样式"命令。

### 3. 清除图层样式

清除图层样式是使图层样式不再发挥作用，可以降低图像文件所占的存储空间。

在图层上单击鼠标右键，在弹出的快捷菜单中选择"清除图层样式"命令，即可将当前设置的图层样式删除。

## 4.2.3　课堂案例——制作有立体感的按钮

【案例学习目标】使用矢量工具绘制具有立体感的按钮。

【案例知识要点】圆角矩形工具、自定义形状工具以及图层样式的使用。

【效果所在位置】ch04/ 效果 / 制作有立体感的按钮效果 .psd。

（1）新建文件。新建一个大小为600像素×800像素、分辨率为72像素/英寸的文件。

（2）使用圆角矩形工具，绘制一个红色（255、0、0）圆角矩形，具体参数如图4-16所示，效果如图4-17所示。

图4-16　　　　　　　　　　　　　　　　　　　　　　　　图4-17

（3）单击"图层"面板下方的"添加图层样式"按钮，选择"斜面和浮雕"命令，如图4-18所示。

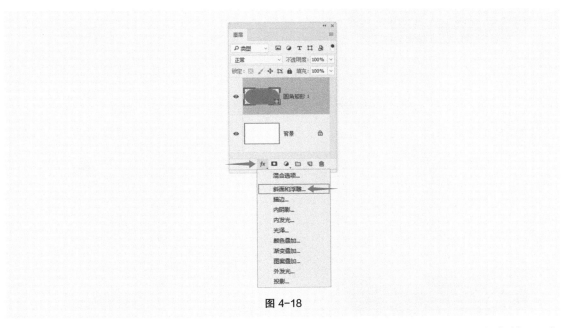

图4-18

（4）在弹出的"图层样式"对话框中设置"斜面和浮雕"相关参数，为圆角矩形添加效果，如图4-19所示。

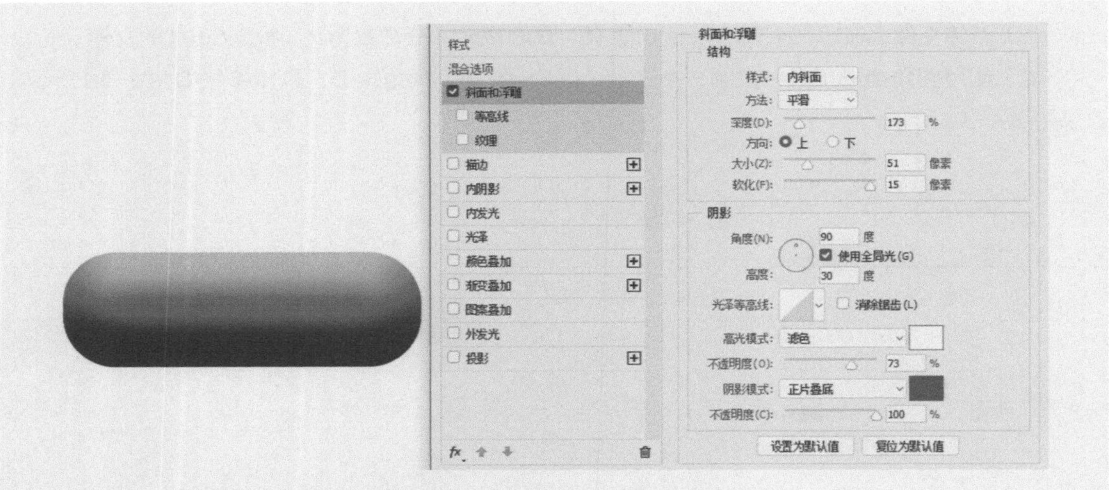

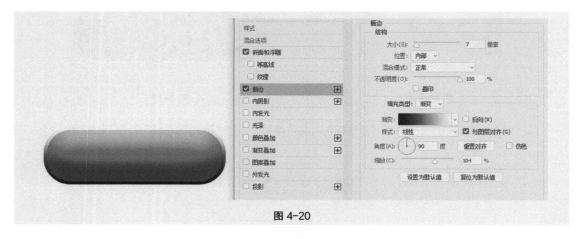

图 4-19

（5）选择"描边"选项，设置参数，如图 4-20 所示。

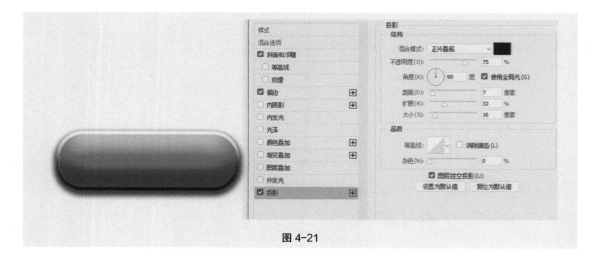

图 4-20

（6）选择"投影"选项，设置参数，为按键设置投影，使其有立体感，如图 4-21 所示。

图 4-21

（7）将制作好的按钮复制两次。选择按钮图层，使用"Ctrl+J"组合键复制两次，在工具选项栏中设置3个图层的对齐方式，如图4-22所示。

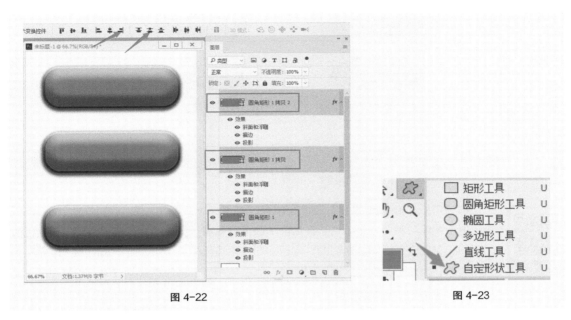

图 4-22　　　　　　　　　　　　　　　　　　　　图 4-23

（8）选择自定义形状工具 ✿，如图4-23所示。

（9）在工具选项栏的"形状"选项里分别选择3个符号，如图4-24所示。新建图层，在3个按钮上分别绘制这3个符号，如图4-25所示。

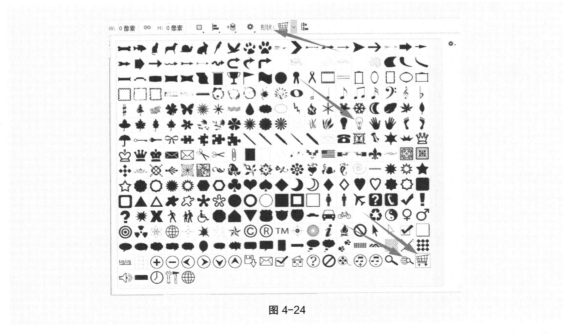

图 4-24

（10）使用横排文字工具 T. 分别为每个按钮标上文字，设置字体为 Terminal、大小为45点、颜色为白色，合并图层，效果如图4-26所示。

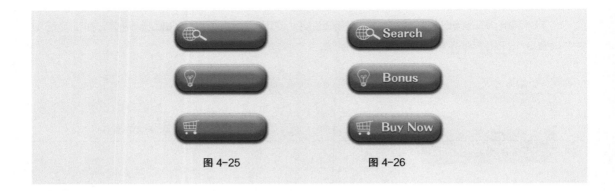

图 4-25                图 4-26

# 4.3 图层蒙版

图层蒙版

图层蒙版是有选择地对图像进行屏蔽。Photoshop 使用一张具有 256 级色阶的蒙版来屏蔽图像。图层蒙版相当于在当前图层上面覆盖一层玻璃片，这种玻璃片根据色阶的不同，有完全不透明、透明的、半透明的。涂黑色相当于用完全不透明的"玻璃"把图像遮盖，因此看不到当前图层的图像；涂白色相当于用透明的"玻璃"遮盖图像，因此可看到当前图层上的图像；涂灰色相当于用半透明的"玻璃"遮盖图像，透明的程度由涂色的灰度深浅决定。由于蒙版具有 256 级灰度，因此能够创建过渡非常细腻、逼真的混合效果。

蒙版是一种特殊的选区，但它的作用并不是对选区进行操作，相反，它是要保护选区不被编辑。不处于蒙版范围的区域则可以进行编辑与处理。

## 4.3.1 添加图层蒙版

在 Photoshop 中有很多种添加图层蒙版的方法，可以根据具体的情况进行选择。下面分别讲解各种操作方法。

### 1. 直接添加图层蒙版

（1）选择要添加图层蒙版的图层，用鼠标单击"图层"面板底部的"添加图层蒙版"按钮 ▣，或者执行"图层 > 图层蒙版 > 显示全部"命令，可以为图层添加一个默认填充为白色的图层蒙版，即显示全部图像。

（2）选择要添加图层蒙版的图层，按住"Alt"键的同时用鼠标单击"图层"面板底部的"添加图层蒙版"按钮 ▣，或者执行"图层 > 图层蒙版 > 隐藏全部"命令，可以为图层添加一个默认填充为黑色的图层蒙版，即隐藏全部图像。

### 2. 利用选区添加图层蒙版

如果当前图像中存在选区，可以利用该选区添加图层蒙版，并决定添加图层蒙版后是显示还是隐藏选区内部的图像。可以按照以下操作之一来利用选区添加图层蒙版。

（1）为选区范围添加图层蒙版：选择要添加图层蒙版的图层，单击"图层"面板底部的"添加图层蒙版"按钮 ▣，即可为当前选区的选择范围为图层添加图层蒙版。

（2）为与选区相反的范围添加图层蒙版：按住"Alt"键，单击"图层"面板底部的"添加图层蒙版"按钮 ▣，即可为与当前选区相反的范围为图层添加图层蒙版。此操作的原理是先对选区执行"选择反向"命令，再依据选区的选择范围为图层添加图层蒙版。

### 4.3.2　编辑图层蒙版

添加图层蒙版后还必须对图层蒙版进行编辑，这样才能取得所需的效果。编辑图层蒙版的操作步骤如下。

（1）单击"图层"面板中的图层蒙版缩览图以将其激活。

（2）选择工具箱中的任何一种编辑或绘图工具，按照下述准则进行编辑。

● 如果要隐藏当前图层，用黑色在蒙版中绘图。

● 如果要显示当前图层，用白色在蒙版中绘图。

● 如果要使当前图层部分可见，用灰色在蒙版中绘图。

● 如果要编辑图层而不是编辑图层蒙版，单击"图层"面板中该图层的缩览图以将其激活。

**提示：** 如果要将一幅图像粘贴至图层蒙版中，按住"Alt"键的同时用鼠标单击图层蒙版缩览图，以显示蒙版，然后选择"编辑 > 粘贴"命令，或按"Ctrl+V"组合键进行粘贴操作即可。

# 4.4　图层编组

直接单击"图层"面板底部的"创建新组"按钮，以默认的设置创建图层组。

如果要将当前存在的图层合并至一个图层组，可以将这些图层选中，然后按"Ctrl+G"组合键，或者执行"图层 > 新建 > 从图层建立组"命令，在弹出的"新建组"对话框中单击"确定"按钮。

将图层移入或移出图层组的方法如下。

（1）将图层移入图层组。如果在新建的图层组中没有图层，可以通过鼠标拖曳的方式将图层移入图层组中。

（2）将图层移出图层组。单击鼠标右键图层组，从弹出的快捷菜单选择"取消图层编组"命令。

# 4.5　课后习题——儿童相册版面设计

素材位置："ch04/ 案例素材 / 素材 / 课后习题——儿童相册版面设计"。

设计要求：灵活运用所学知识，利用素材制作一版儿童相册内页。尺寸为 41 厘米 ×20 厘米，分辨率为 200 像素 / 英寸。

效果展示："效果 / 课后习题——儿童相册版面设计 .psd"，如图 4-27 所示。

图 4-27

# 第 5 章

## 05

# 矢量图绘制

▶ **本章导读**

    Photoshop 不仅可以处理位图图像，还可以绘制矢量图形。设计者可以在 Photoshop 中使用矢量绘制工具绘制矢量图形。矢量绘制包含形状绘制和路径绘制，利用工具箱中的形状工具可以绘制图形，利用工具选项栏中的路径按钮可以绘制路径。本章介绍矢量图形的绘制与编辑。

**知识目标**

● 熟练掌握钢笔工具的使用方法

● 熟练使用形状工具组

● 会进行选区和路径的转换

**技能目标**

● 熟练掌握图形的绘制与编辑

● 熟练掌握路径的创建与编辑

● 能熟练进行选区和路径的转换

矢量图绘制

## 5.1  绘制矢量图

### 5.1.1  认识矢量图

要绘制矢量图，必须了解两种主要的计算机图形——位图图像和矢量图形之间的区别。

位图图形被称为光栅，它是基于像素网格的，其中的每个像素都有特定的色度、亮度和位置信息。处理位图图形时，编辑的是像素组而不是对象或形状。位图图形的缺点是，它们包含的像素数是固定的，因此在屏幕上放大或以低于创建时的分辨率打印位图图形时，图形可能出现锯齿或丢失细节。

矢量图形由直线和曲线组成，而直线和曲线是由被称为"矢量"的数学对象定义的。无论被移动、调整大小还是修改颜色，矢量图形都将保持其清晰度。

### 5.1.2  路径与锚点

在 Photoshop 中，矢量形状的轮廓被称为路径。路径是使用钢笔工具、形状工具绘制的图形。使用钢笔工具绘制路径的准确度最高，形状工具用于绘制矩形、椭圆和其他形状。路径可以是闭合或非闭合的。非闭合路径有两个端点，闭合路径是连续的。

路径分为填充路径和描边路径。要对路径进行填充，有以下两种方法。

（1）首先打开"路径"面板，将前景色设为要填充的颜色。然后单击"路径"面板下方的"用前景色填充"按钮即可，如图 5-1 所示。

（2）打开"路径"面板，按住"Alt"键的同时，单击"用前景色填充"按钮，弹出"填充路径"对话框，在"内容"下拉列表中可以设置"前景色""背景色"和"图案"等，如图 5-2 所示。设置完成后单击"确定"按钮即可填充路径。

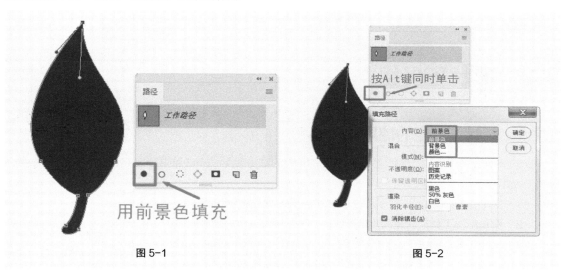

图 5-1                                         图 5-2

描边路径与在工具箱中所选的工具及画笔的大小和形状有关，在默认的情况下，建立路径后单击"路径"面板底部的"用画笔描边路径"按钮，将使用画笔工具选项栏当前参数设置描边路径的参数，如图 5-3 所示。

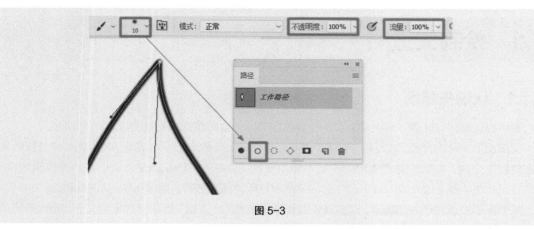

图 5-3

用画笔描边路径时可以设置"主直径""硬度"和"画笔笔触"。按住"Alt"键的同时在"路径"面板中单击"用画笔描边路径"按钮，弹出"描边路径"对话框。在该对话框中勾选"模拟压力"选项，并将"工具"选项设置为"铅笔"，再对路径进行描边，则可以得到另一种效果，如图5-4所示。

注意：打印图稿时，没有填充或描边的路径不会被打印，因为路径是不包含像素的矢量对象。要使路径包含填充或描边，可通过形状的方式创建路径。形状是基于矢量对象（而不是像素）的图层，但不同于路径，颜色和效果可应用于形状图层。

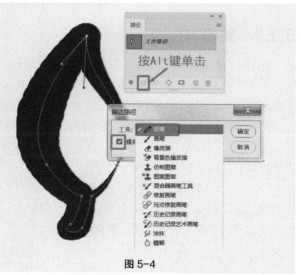

图 5-4

# 5.2 形状工具组

## 5.2.1 形状工具组的使用

在矢量图绘制过程中，形状工具组是比较好用的工具。快捷键 U 是这个工具组公用的快捷方式。形状工具组包含以下工具。

（1）矩形工具：创建长方形路径、形状图层或填充像素区域。

（2）圆角矩形工具：创建圆角矩形路径、形状图层或填充像素区域。

（3）椭圆工具：创建正圆或椭圆形路径、形状图层或填充像素区域。

（4）多边形工具：创建多边形路径、形状图层或填充像素区域。

（5）直线工具：创建直线路径、形状或填充像素区域。

（6）自定形状工具：创建事先定义好的形状路径、形状图层或填充像素区域。

形状工具组各工具图标如图5-5所示。

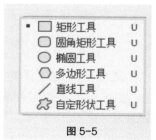

图 5-5

形状工具组中每一个工具都有对应的工具选项栏。图 5-6 所示为矩形工具选项栏。

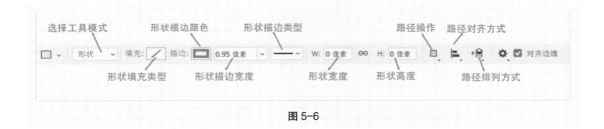

图 5-6

## 5.2.2　课堂案例——标志设计

【案例学习目标】通过对标志的绘制，掌握 Photoshop 矢量工具的使用。
【案例知识要点】圆角矩形工具、合并形状、形状的裁剪、直线工具。
【效果所在位置】ch05/ 效果 / 标志设计效果 .psd。

扫码观看
本案例视频


（1）选择"文件 > 新建"命令，在弹出的对话框中设置宽度为 30 厘米、高度为 30 厘米，分辨率为 72 像素 / 英寸，单击"确定"按钮新建文件。

（2）选中圆角矩形工具，在工具选项栏设置工具模式为"形状"、填充颜色为蓝色（40、184、237）、描边颜色为浅灰（220、220、220）、描边类型为直线、圆角半径为 50 像素，在画布中间画一个圆角矩形，如图 5-7 所示。

（3）创建新图层，选择椭圆工具，在工具选项栏设置工具模式为"形状"、填充颜色为白色、无描边，按住"Shift"键的同时在蓝色圆角矩形上画 3 个正圆，如图 5-8 所示。

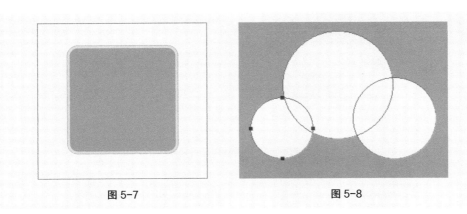

图 5-7　　　　　　　　　　　　图 5-8

（4）使用矩形工具，工具选项栏设置与步骤 3 相同，在圆形的下方绘制矩形，注意使矩形与两个圆底部对齐，如图 5-9 所示。然后选中这 4 个图层，单击鼠标右键，在弹出的快捷菜单中选择"合并形状"命令，此时 4 个图层合并成一个形状图层"椭圆 1"。再选中该图层上的所有形状，在工具选项栏的"路径操作"选项中选择"合并形状组件"命令，如图 5-10 所示，生成白云形状。复制"椭圆 1"图层，生成一个名为"椭圆 1 拷贝"的图层。

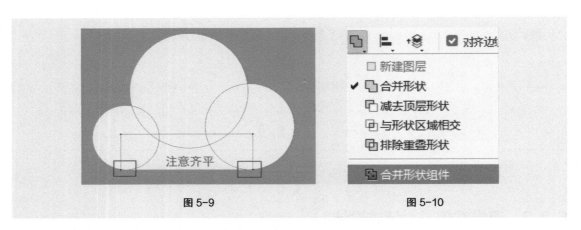

图 5-9                                    图 5-10

（5）新建图层，选择椭圆工具，按住"Shift"键的同时用鼠标绘制正圆，生成一个"椭圆2"图层。同时选择该图层与"椭圆1"图层，单击鼠标右键，在弹出的快捷菜单中选择"合并形状"命令，效果如图5-11所示。

（6）选中图层"椭圆2"，然后选择其中的白云形状，在工具选项栏的"路径排列方式"选项中选择"将形状置为顶层"命令，如图5-12所示。

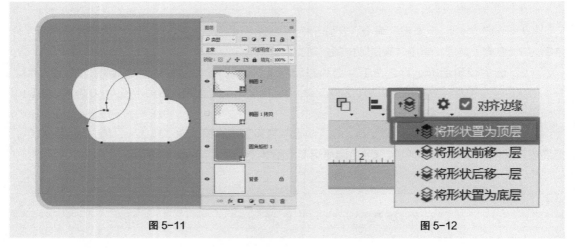

图 5-11                                    图 5-12

（7）在"路径操作"选项中选择"减去顶层形状"命令，如图5-13所示，然后选择"合并形状组件"命令，将白云区域从椭圆中减去。

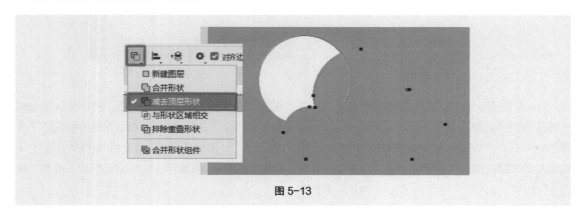

图 5-13

（8）将"椭圆 2"图层中的形状向左上方移动，如图 5-14 所示。

（9）选择直线工具，在工具选项栏中设置填充颜色为白色、粗细为 6 像素，绘制太阳光。标志设计完成，如图 5-15 所示。

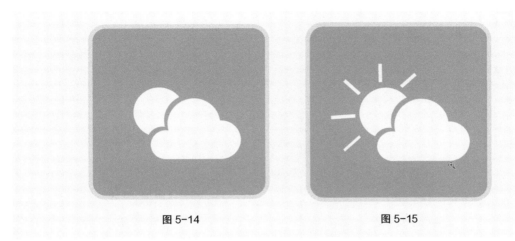

图 5-14　　　　　　　　　　　　　　图 5-15

## 5.2.3　课堂案例——绘制卡通图案

【案例学习目标】通过卡通图案的练习，继续学习复杂形状的绘制。

【案例知识要点】圆角矩形、钢笔工具、添加锚点、直接选择工具、自由变换。

【效果所在位置】ch05/ 效果 / 绘制卡通图案效果 .psd。

具体操作步骤如下：

（1）新建文件。选择"文件 > 新建"命令，在弹出的对话框中设置宽度、高度均为 800 像素，分辨率为 72 像素 / 英寸，单击"确定"按钮新建文件。

（2）将前景色设为淡蓝（105、211、250），使用"Alt+Delete"组合键将图像背景色填充为前景色。

（3）创建圆角矩形。选择圆角矩形工具，在工具选项栏中设置填充颜色为空、描边颜色为白色、长为 375 像素、宽为 225 像素、描边宽度为 15 像素、圆角半径为 110 像素，绘制圆角矩形，如图 5-16 所示。

（4）添加锚点。选择添加锚点工具，在圆角矩形左上角添加 6 个锚点，如图 5-17 所示。

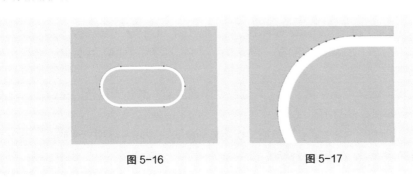

图 5-16　　　　　　　　　　　　　　图 5-17

（5）设置描边端点。在工具选项栏"描边选项"下拉列表的"端点"选项里选择中间的圆角端点，如图5-18所示。

（6）删除锚点。选择删除锚点工具，以3个锚点为一组，删除中间的锚点，如图5-19所示。

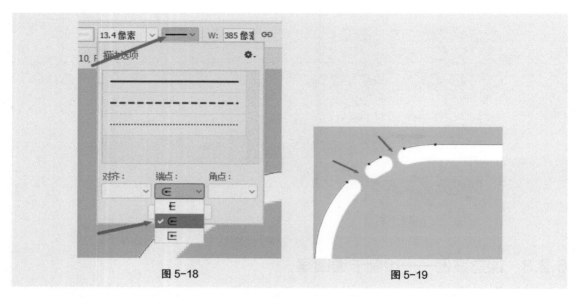

图5-18　　　　　　　　　　　　　　　　图5-19

（7）添加锚点。选择添加锚点工具，在圆角矩形右下角添加5个锚点，如图5-20所示。

（8）删除锚点。选择删除锚点工具，以3个锚点为一组，删除中间的锚点，效果如图5-21所示。

（9）在工具选项栏中将描边颜色设置为黑色，把线条由白色改为黑色，蜜蜂外轮廓完成，效果如图5-22所示。

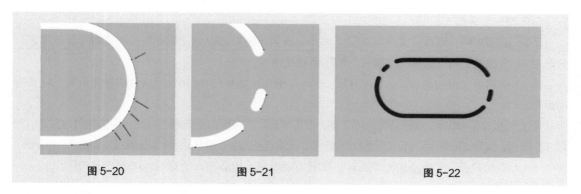

图5-20　　　　　　　　　图5-21　　　　　　　　　图5-22

（10）创建圆角矩形。新建图层，选择圆角矩形工具，在工具选项栏中设置填充颜色为黄色（255、255、0）、长为370像素、宽为225像素、圆角半径为110像素，在画布中绘制一个圆角矩形，效果如图5-23所示。

（11）绘制矩形。选择矩形工具，在工具选项栏中设置填充颜色为黑色、无描边，在圆角矩形中间绘制一个矩形，如图5-24所示。

（12）添加锚点。使用"添加锚点"工具，在矩形两条长边中间各添加一个锚点，选择直接选择工具，选中刚刚添加的锚点，将其向右移动，使矩形的两条长边微微呈弧形，如图5-25所示。

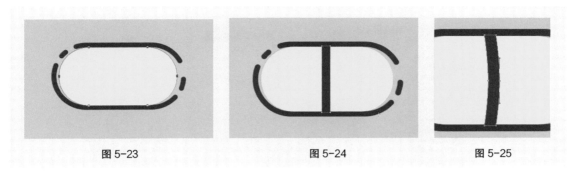

图 5-23                      图 5-24                      图 5-25

（13）选中矩形图层，按"Ctrl+J"组合键复制图层，并向右移动图层，如图 5-26 所示。

（14）参照步骤 3~9 所述绘制蜜蜂躯干的方法，用添加锚点工具和删除锚点工具制作蜜蜂翅膀，如图 5-27 所示。

（15）填充翅膀。在翅膀图层下方新建图层，使用圆角矩形工具绘制一个比翅膀图形略小的圆角矩形，设置填充颜色为浅蓝（177、226、243）。按"Ctrl+J"组合键复制一个新图层，设置填充颜色为白色并适当缩小新图层，使两个圆角矩形相互错开，如图 5-28 所示。

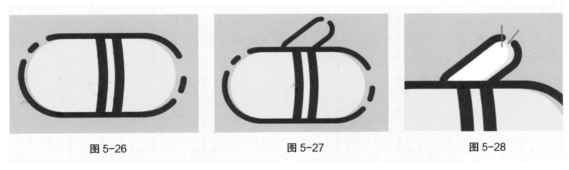

图 5-26                      图 5-27                      图 5-28

（16）制作另一个翅膀。把步骤（14）~（15）中绘制翅膀的 3 个图层选中，并按"Ctrl+J"组合键复制图层，再按组合键"Ctrl+T"，将图层逆时针旋转至适当的位置，如图 5-29 所示。

（17）制作眼睛和脸蛋红晕。使用椭圆工具绘制圆形，填充其为黑色，制作出蜜蜂眼睛。再绘制圆形，填充其为红色（255、0、0），制作出蜜蜂脸上红晕，如图 5-30 所示。

（18）制作嘴巴。在画布空白区域绘制蜜蜂嘴巴图形。使用圆角矩形工具绘制图 5-31（a）所示的圆角矩形，填充颜色为黑色。选择矩形工具，在工具选项栏的"路径操作"选项中选择"减去顶层形状"命令，然后在适当的位置绘制矩形，使之与圆角矩形相交，便得到图 5-31（b）所示形状。选择椭圆工具，在工具选项栏设置填充颜色为红色（255、0、0），在适当的位置绘制椭圆，如图 5-31（c）所示，得到绘制好的嘴巴图形，将其拖曳至图中适当位置。

图 5-29                      图 5-30

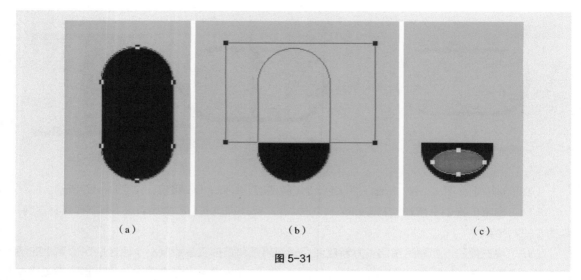

图 5-31

（19）制作高光。使用圆角矩形工具绘制一个圆角矩形，填充颜色为白色，在圆角矩形两条长边中部添加锚点，然后拖曳锚点上的手柄，调整曲线弯曲度，使之与蜜蜂脸部边缘平行。选择椭圆工具，在画布中适当位置拖曳鼠标，绘制一个椭圆形，填充颜色为白色，如图 5-32 所示。

（20）绘制拖尾。在背景图层上新建空白图层，选择矩形工具，在蜜蜂右侧绘制 3 个矩形，填充颜色为白色，通过此方法绘制出蜜蜂飞行的拖尾效果，最终效果如图 5-33 所示。

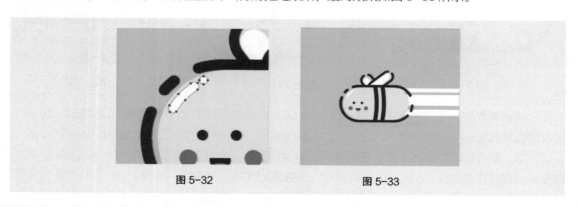

<table>
<tr><td align="center">图 5-32</td><td align="center">图 5-33</td></tr>
</table>

## 5.3 钢笔工具

使用 Photoshop 的时候，经常需要用到钢笔工具，例如鼠绘、做精确选区、路径抠图等，都需要使用钢笔工具。钢笔工具属于矢量绘图工具，其优点是可以勾画出平滑的曲线，且曲线在缩放或者变形之后仍能保持平滑效果。

### 5.3.1 钢笔工具的使用

钢笔工具主要包括钢笔工具、自由钢笔工具、添加锚点工具、删除锚点工具及转换点工具，如图 5-34 所示。

钢笔工具可以创建由直线或曲线组成的闭合或非闭合路径。

路径由锚点和路径段组成。锚点分为平滑点和角点，路径段又分直线段和曲线段。

创建由直线段组成的路径时，首次单击设置路径的起点，随后每次单击时，都将在前一个点和当前点之间绘制一条线段。要绘制由直线段组成的复杂路径，只需不断添加锚点即可，如图 5-35 所示。

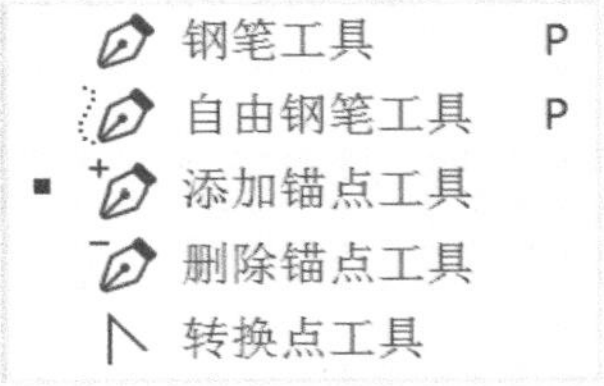


图 5-34

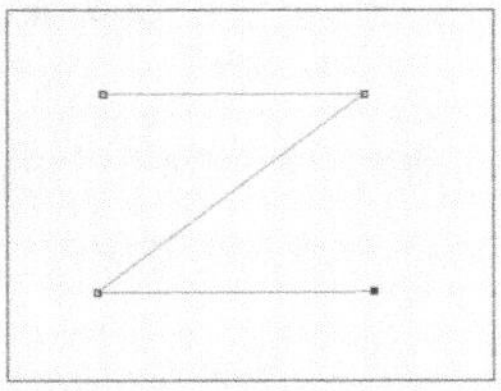

图 5-35

要创建由曲线段组成的路径，可单击鼠标设置一个锚点，再拖曳鼠标为该锚点创建一条方向线，然后通过单击放置下一个锚点。每条方向线有两个方向点，方向线和方向点的位置决定了曲线段的长度和形状。通过移动方向线和方向点可以调整路径中曲线的形状，如图 5-36 所示。

绘制路径段和锚点后，可以单独或成组地移动它们。路径包含多个路径段时，可以通过拖曳锚点来调整相应的路径段，也可以选中路径中所有的锚点以编辑整条路径。可以使用路径选择工具来选择并调整锚点、路径段或整条路径。

如图 5-37 所示，按住“Alt”键的同时单击弯曲路径段中间的锚点 B，可将平滑锚点转换为角点，将曲线路径的两条方向线变为一条，这样锚点 B 与锚点 C 之间的曲线段就转换为直线段。

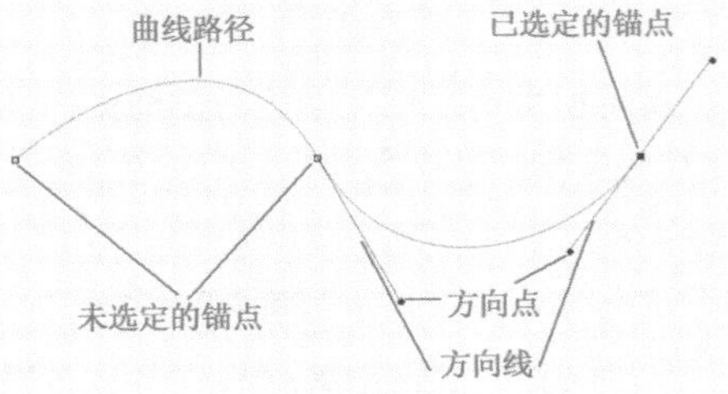


图 5-36

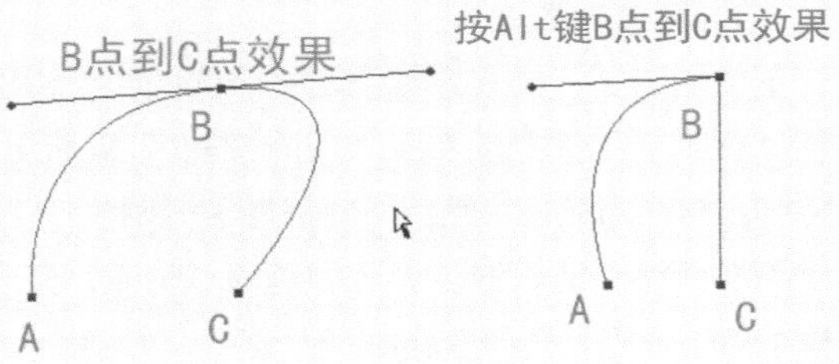


图 5-37

创建闭合路径和非闭合路径的差别在于结束路径绘制的方式：要结束非闭合路径的绘制，可按“Enter”键；要创建闭合路径，可将鼠标指针移至路径起点并单击。

路径闭合后，将自动结束路径的绘制，同时鼠标指针变为 ✎*，如图 5-38 所示，这表明下次单击将开始绘制新路径。

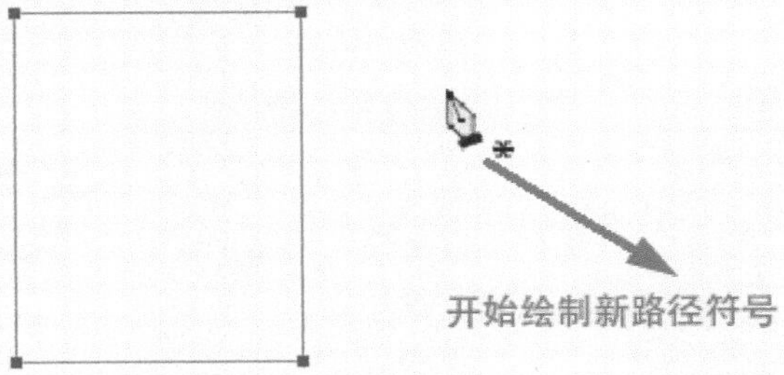


图 5-38

绘制路径时，“路径”面板中将出现一个名为“工作路径”的临时存储区域。

## 5.3.2 路径和选区的转换

在 Photoshop 中，路径和选区是可以相互转换的。这对于经常从事绘画工作的设计者来说非常重要，可以从根本上将路径和选区联系在一起，从而方便设计者在绘制图像过程中进行操作。

### 1. 路径转换为选区

路径转换为选区是路径的一个重要功能，运用这项功能可以将路径转换为选区，然后对其进行各项编辑。

打开"路径"面板，单击"将路径作为选区载入"按钮即可将路径转换为选区，如图 5-39 所示。

在路径范围内单击鼠标右键，在弹出的快捷菜单中选择"建立选区"命令，如图 5-40 所示。

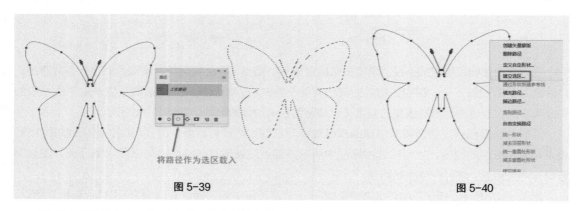

图 5-39　　　　　　　　　　　　　　　　图 5-40

弹出"建立选区"对话框，设置需要的羽化半径，单击"确定"按钮就可以把路径转换为选区。最简单的方法是用快捷键：按"Ctrl+Enter"组合键，也可以将路径转换为选区。

### 2. 选区转换为路径

对于普通选区，很难为其创建复杂的曲线型边缘，将其转换为路径后，能更方便地进行调整。使用任意选区工具创建选区后，单击"路径"面板上的"从选区生成工作路径"按钮，如图 5-41 所示，将选区转换为路径，然后可对路径进行调整。

使用任何绘制选区的工具（如选框、魔棒、套索等）选择某一选区后，单击鼠标右键，在弹出的快捷菜单中选择"建立工作路径"命令，如图 5-42 所示。弹出"建立工作路径"对话框，设置容差，其默认值为 2.0 像素，如图 5-43 所示，单击"确定"按钮即可将选区转换为路径。

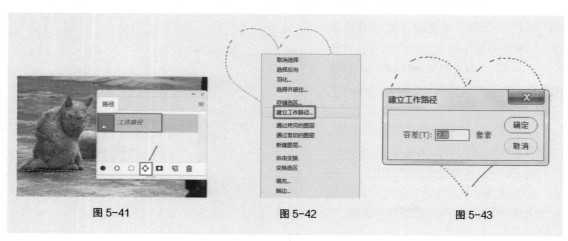

图 5-41　　　　　　　　　　　图 5-42　　　　　　　　　　　图 5-43

### 5.3.3　课堂案例——淘宝产品抠图

【案例学习目标】通过抠图训练，熟练使用钢笔工具，学会路径的编辑方法。

【案例知识要点】钢笔工具的使用、将路径转换为选区、复制选区。

【效果所在位置】ch05/ 效果 / 淘宝产品抠图 .psd。

（1）打开素材文件"ch05/ 素材 / 素材 .jpg"，在产品图形的边缘 A 点单击，设置第 1 个锚点。

（2）在产品图形的边缘线交叉处 B 点单击并拖曳出方向点和方向线，同时上下或者左右移动鼠标，以确保曲线路径与产品边缘一致，如图 5-44 所示。

（3）按住"Alt"键的同时鼠标单击 B 点，将平滑锚点转换为角点，如图 5-45 所示，继续在 C 点处按住鼠标左键拖曳，使 B、C 两点之间的曲线弧度与产品图形边缘一致。

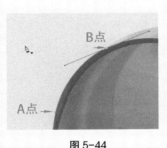

图 5-44

图 5-45

（4）按住"Ctrl"键或者"Alt"键的同时，用鼠标拖曳 D 点（即 C 点左侧的方向线手柄），调整曲线路径，确保其与产品图形的边缘一致，如图 5-46 所示。

（5）继续沿产品图形的边缘寻找下一个锚点 E 点，一般在产品图形边缘线条弧度发生变化的位置，单击并拖曳鼠标指针，调整曲线路径，确保其与产品图形边缘一致，如图 5-47 所示。

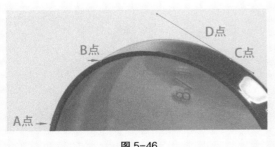

图 5-46

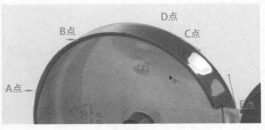

图 5-47

（6）按步骤（1）～（5）所述方法，为整个产品图形边缘绘制完整路径，如图 5-48 所示。

（7）按"Ctrl+Enter"组合键，把路径转换为选区，如图 5-49 所示。

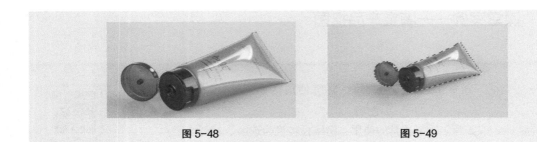

图 5-48                                              图 5-49

（8）按"Ctrl+J"组合键，复制选区到新的图层，如图 5-50 所示。

（9）单击背景图层左侧的眼睛图标，隐藏背景图层，如图 5-51 所示。

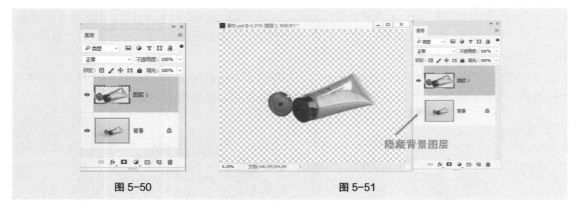

图 5-50                              图 5-51

（10）选择"文件 > 储存为"命令（或者使用"Shift+Ctrl+S"组合键），弹出"另存为"对话框，选择 PNG 格式，单击"保存"按钮保存图像。

# 5.4 课后习题——茶叶品牌标志设计

设计要求：根据本章所学的内容，设计一个茶叶品牌的标志。要求标志简洁大方，能体现出企业的文化与内涵，保证为原创作品。

效果展示："ch05/ 效果 / 茶叶品牌标志设计效果 .psd"，如图 5-52 所示。

图 5-52

# 第6章
# 文字设计

06

## ▶ 本章导读

文字设计是平面设计中不可或缺的一项工作，利用 Photoshop 强大的文字处理功能，用户不仅可以方便地制作出各种精美的艺术字，还可以增强图像的表现力。本章从 Photoshop 中的文字工具开始，讲解在 Photoshop 中输入与编辑文字的技巧，介绍利用 Photoshop 进行文字排版的方法。

### 知识目标
- 掌握文字工具的使用方法
- 掌握文字的属性转换
- 熟悉异形文字的排版
- 熟练掌握路径工具在文字设计中的应用

### 技能目标
- 掌握段落文字的排版方法
- 学会异形文字排列方式
- 学会名片设计中文字的艺术设计方式

文字设计

# 6.1 输入文字

在 Photoshop 中，文字存在两种不同的形式，分别是点文字和段落文字。点文字一般用于输入少量的文本，如标题；段落文字是在图像窗口拖曳鼠标指针，创建段落文字定界框，在定界框中输入文字。

文字设计主要通过文字工具完成。

## 6.1.1 文字工具

点文字的输入工作，可以利用任何一种输入法完成。由于文字的字体和字号决定其显示状态，因此需要恰当地进行设置，对点文字的设置也称为文字的格式化。

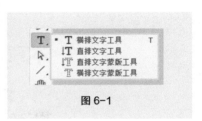

图 6-1

在工具栏中，文字工具对应的图标为 **T**，默认为横排文字工具。单击文字工具组图标 **T**，并按住鼠标左键不放，就可以弹出文字工具列表。如图 6-1 所示。

文字工具的操作方法如下。

（1）打开素材文件"ch06/ 素材 / 素材 01.jpg"，在工具栏中选择横排文字工具。

（2）在横排文字工具选项栏中设置参数，如图 6-2 所示。

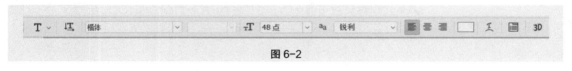

图 6-2

（3）在画布中要放置文字的位置处单击鼠标左键，插入一个文字光标，效果如图 6-3 所示，在光标后面键入要添加的文字，效果如图 6-4 所示。

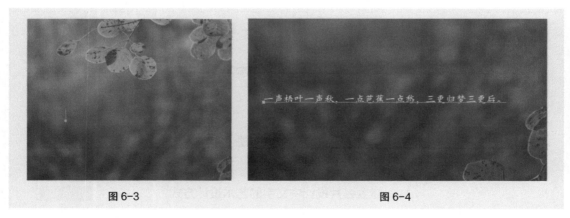

图 6-3                                           图 6-4

（4）如果希望另起一行键入文字，可以按"Enter"键，使文字光标出现在下一行，再键入其他文字，效果如图 6-5 所示。

（5）对于已经键入的文字，可以在文字间插入文字光标，再按"Enter"键将一行文字变成两行。如果在一行文字的不同位置多次执行此操作，则可以得到多行文字。

（6）如果希望将两行文字连接成为一行，可以通过在上一行文字的最后插入文字光标，并按"Delete"键来完成。

（7）完成输入后，单击工具选项栏中的"提交所有当前编辑"按钮 ✓，确认已键入的文字；若单击"取消所有当前编辑"按钮 ◎，则可以取消文字键入操作。若按"Esc"键，将弹出提示框，询问在输入文字时，

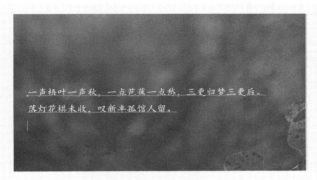

图 6-5

按"Esc"键执行的功能，此处的设置将应用于以后所有的操作。另外，单击文档空白区域也会执行确定键入文字的操作。

## 6.1.2　更改文字方向

在 Photoshop 中输入文字以后，可以将文字在水平和垂直的排列方向之间进行切换，其操作步骤如下。

（1）打开素材文件"ch06/ 素材 / 素材 02.jpg"。

（2）利用横排文字工具或直排文字工具输入文字。

（3）确认在工具栏中选择一种文字工具。

（4）执行下列操作中的任意一种，即可改变文字方向。

● 单击工具选项栏中的"切换文本取向"按钮 ⼯，可以使文本在水平排列和垂直排列之间切换。

● 执行"文字 > 取向 > 垂直"命令，可以将文本转换成为垂直排列。

● 执行"文字 > 取向 > 水平"命令，可以将文本转换成为水平排列。

● 选择要转换的文字图层，在图层名称上单击鼠标右键，在弹出的快捷菜单中选择 "垂直"命令或者"水平"命令，可以改变文本取向。以图 6-6 所示素材为例，单击"切换文本取向"按钮可将横排文字转换为直排文字，效果如图 6-7 所示。

图 6-6

图 6-7

### 6.1.3　段落文字

　　段落文字与点文字的不同之处在于文字显示的范围由文本框界定，当键入的文字到达文本框的边缘时，文字就会自动换行；当调整文本框的边框时，文本框会自动改变每一行显示的文字数量以适应新的文本框。

　　输入段落文字可以按以下操作步骤进行。

　　（1）打开素材文件"ch06/ 素材 / 素材 03.jpg"。

　　（2）选择横排文字工具或直排文字工具。

　　（3）在页面中拖曳鼠标光标，创建一个段落文字定界框，如图 6-8 所示。

图 6-8　　　　　　　　　　　　　　　　图 6-9

　　（4）在工具选项栏或者"字符"面板和"段落"面板中设置文字属性。

　　（5）在文字光标后输入文字，单击"提交所有当前编辑"按钮 ✓ 确认，效果如图 6-9 所示。

　　第一次创建的段落文字定界框未必完全符合要求，因此，在创建段落文字的过程中或创建段落文字后可以对定界框进行调整，拖曳鼠标定界框边缘的节点可以调整定界框的宽度和高度。

　　需要说明的是，点文字和段落文字也可以相互转换，在转换时执行下列操作中的任意一种即可。

　　（1）执行"文字 > 转换为点文本"命令，或者执行"文字 > 转换为段落文本"命令。

　　（2）选择要转换的文字图层，在图层名称上单击鼠标右键，在弹出的快捷菜单中选择"转换为点文本"命令或者"转换为段落文本"命令。

### 6.1.4　设置字符属性

　　设置字符属性的方式有很多，但"字符"面板中包含的参数是最全面的，因此下面以该面板为例，讲解其中各参数的作用。要显示"字符"面板，可以按照以下 3 种方法操作。

　　（1）执行"窗口 > 字符"命令。

（2）在输入文本状态下，按"Ctrl+T"组合键。

（3）执行"文字 > 面板 > 字符面板"命令。

"字符"面板的使用方法如下所述。

（1）在"图层"面板中双击要设置文字格式的文字图层的图层缩览图，或者选择文字工具后用鼠标在画布中的文字上双击，选择当前文字图层中要进行格式化的文字。

（2）单击工具选项栏中的"切换字符和段落面板"按钮，弹出图 6-10 所示的"字符"面板。

（3）在"字符"面板中设置需要改变的参数，然后单击工具选项栏中的"提交所有编辑"按钮 ✓ 确认即可。

下面介绍"字符"面板中比较常用的参数对文字的影响。

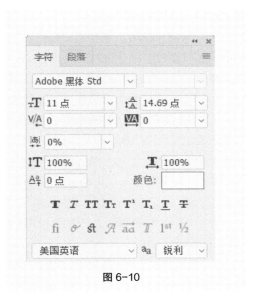

图 6-10

（1）字体 <small>Adobe 黑体 Std</small> ：在字体下拉列表中，可以选择计算机中安装的字体，如图 6-11 所示。从 Photoshop CC 2015 版本开始，可以通过顶部的"筛选"下拉列表选择不同的筛选项，以黑体、艺术、手写、衬线、无衬线等进行分类筛选；单击"显示 Typekit 中的字体"按钮 <small>回</small>，可以只显示从 Typekit 网站添加的字体；单击"显示收藏字体"按钮 ★，可以只显示被设置为"收藏"的字体（单击字体左侧的 ☆，使之变为 ★ 即可收藏字体，再次单击即可取消收藏）；单击"显示相似字体"按钮 ≈，可以根据当前字体的特点，自动筛选出相似的字体；单击"从 Typekit 添加字体"可以访问 Typekit 网站，并在其中选择并同步字体至本地计算机中。

图 6-11

（2）字号 <small>⊤T</small>：可以在字号下拉菜单中选择合适的字号，也可以在输入框中直接输入所需字号。

（3）行距 <small>⟨A⟩</small>：在行距数值框中键入数值，或者在下拉菜单中选择一个合适的数值，即可设置两行文字之间的距离。数值越大，行间距越大。调整行间距还可以在选中文字的状态下通过"Alt+ ↑"

或"Alt+↓"组合键实现。

（4）字距调整 ：选择需要调整的文字，在数值框中键入数值，或者在下拉列表中选择合适的数值，即可设置字符之间的距离。正值表示扩大字符的间距；负值表示缩小字符的间距。调整字间距的操作还可以在选中文字的状态下通过按"Alt+←"或"Alt+→"组合键实现。

（5）比例间距 ：此数值控制所有选中文字的间距。数值越大，间距越大。

（6）垂直缩放 、水平缩放 ：设置文字水平缩放或者垂直缩放的比例。选择需要缩放的文字，在数值框中键入百分数，即可调整文字的水平缩放或者垂直缩放的比例。如果数值大于 100%，文字的高度或者宽度增大；如果数值小于 100%，文字的高度或者宽度减小。

（7）基线偏移 ：此参数仅用于设置选中文字的基线值。正值使基线上移；负值使基线下移。

（8）颜色 ：单击颜色设置项右边的色块，在弹出的"拾色器（文本颜色）"对话框中可以设置颜色。

（9）消除锯齿 ：在此下拉列表中选择一种消除锯齿的方法。例如在选择"锐利"选项时，字体的边缘很清晰；在选择"平滑"选项时，字体的边缘很光滑。

## 6.1.5　设置段落属性

"段落"面板主要用于为大段文本设置对齐方式和缩进等属性。与字符属性类似，它也可以通过多种方式进行设置，并可以通过段落样式，对多个段落进行统一的属性设置。

下面将以参数最为全面的"段落"面板为例，讲解段落属性的设置。要显示"段落"面板，可以按照以下方法操作。

（1）执行"窗口 > 段落"命令。

（2）在输入文本状态下，按"Ctrl+M"组合键。

（3）执行"文字 > 面板 > 段落面板"命令。

"段落"面板的使用方法如下。

单击"字符"面板中的"段落"标签，或者执行"窗口 > 段落"命令，在默认情况下将显示图 6-12 所示的"段落"面板，在此可以为段落文字设置对齐方式、段落缩进值等属性。如果选择直排文字工具或者直排文字蒙版工具，则"段落"面板如图 6-13 所示。

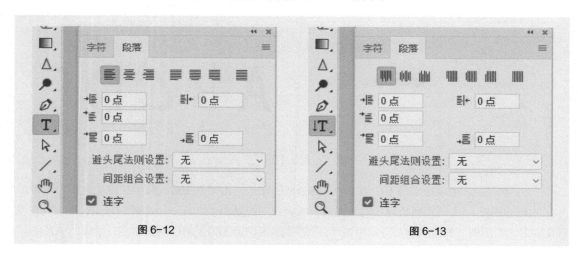

图 6-12　　　　　　　　　　　　　　　　图 6-13

如果要为某一个文字段落设置格式，使用文字工具在此段落中单击以插入光标，即可设置光标所在段落的属性。如果要设置多个文字段落，可以使用文字工具选择这些段落中的文字。如果未选择文字工具，但选择了"图层"面板中的某一个文字图层，则可设置该图层中所有文字段落的属性。

"段落"面板中主要包括以下几种段落属性设置类型。

（1）对齐段落

单击"段落"面板上方的各类对齐方式按钮，可以将选中的段落文字以相应的方式对齐。如果选择水平排列的文字段落，可以设置的对齐方式如下。图 6-14 为应用不同段落对齐方式后的效果。

- "左对齐"▤：将段落左对齐，但段落右端可能会参差不齐。
- "居中对齐"▤：将段落水平居中对齐，但段落两端可能会参差不齐。
- "右对齐"▤：将段落右对齐，但段落左端可能会参差不齐。
- "全部对齐"▤：强制对齐段落中的所有行。
- "最后一行左对齐"▤：对齐段落中除最后一行外的所有行，最后一行左对齐。
- "最后一行居中对齐"▤：对齐段落中除最后一行外的所有行，最后一行居中对齐。
- "最后一行右对齐"▤：对齐段落中除最后一行外的所有行，最后一行右对齐。

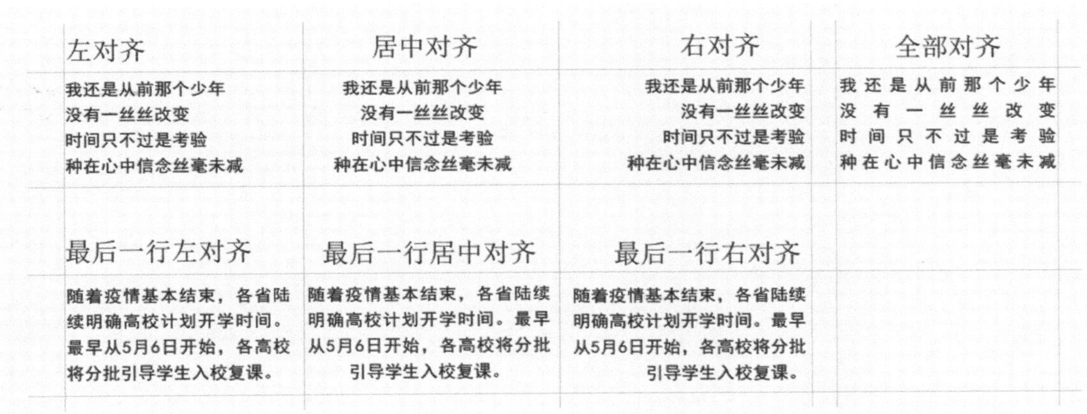

图 6-14

垂直排列的文字段落可以设置的对齐方式与水平排列类似，在此不赘述。

（2）缩进段落

利用"段落"面板中的缩进参数，可以设置段落文字边缘与文字定界框的距离。缩进只影响选中的段落，因此可以为不同的段落设置不同的缩进值。

- 左缩进▤：键入数值以设置段落左端的缩进。对于垂直文字，该选项控制段落顶端的缩进。
- 右缩进▤：键入数值以设置段落右端的缩进。对于垂直文字，该选项控制段落底部的缩进。
- 首行缩进▤：键入数值以设置段落文字首行的缩进。

（3）更改段落间距

对于同一图层中的文字段落，可以根据需要设置段落之间的距离。选择需要更改段落间距的文字，在"段前添加空格"▤和"段后添加空格"▤数值框中键入数值，即可设置上下段落间的距离。

## 6.1.6　课堂案例——设计名片

【案例学习目标】学习使用文字排版工具设计制作一张名片。
【案例知识要点】文字工具、参考线的使用。
【效果所在位置】ch06/ 效果 / 设计名片效果 .psd。

（1）打开 Photoshop，按"Ctrl+N"组合键新建一个文件，在弹出的对话框中设置尺寸为94mm×58mm、分辨率为 300 像素 / 英寸、颜色模式为 CMYK 颜色，具体设置如图 6-15 所示，单击"创建"按钮。

（2）按"Ctrl+R"组合键，在新建的文件中显示标尺，使用"视图 > 新建参考线版面"命令，在画板中添加辅助线，设置出血尺寸（边距）为 0.2 厘米，参数设置如图 6-16 所示。

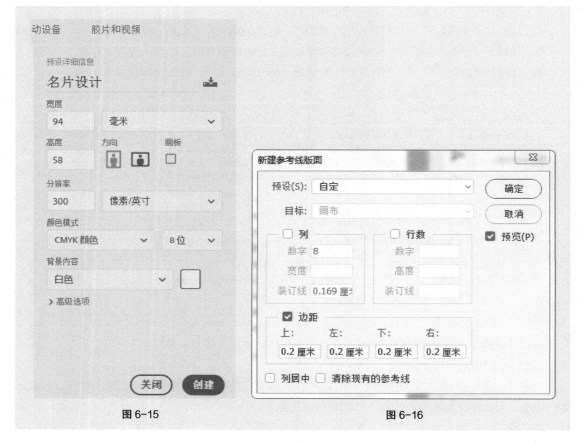

图 6-15　　　　　　　　　　　　　　　　　图 6-16

（3）设置前景色颜色为深灰色（78、72、59、41），按"Alt+Delete"组合键填充名片底色。打开素材文件"ch06/ 素材 / 素材 04.jpg"，根据参考线位置添加边框素材，按"Ctrl+T"组合键对素材进行大小调整，将整个素材铺满画布，如图 6-17 所示。

（4）打开素材文件"ch06/ 素材 / 素材 05.jpg"，添加图案素材，如图 6-18 所示。

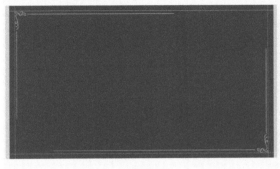

图 6-17

图 6-18

（5）使用"视图 > 清除参考线"命令清除参考线，如图 6-19 所示。选择文字工具，在画布左上方输入文字"LOGO"，设置字体为 Tahoma、大小为 18 点、颜色为白色。输入文字"Wendy"，设置字体为 Tahoma、大小为 5 点、颜色为白色，放置在字母"O"和"G"中间。使用同样的方法输入其他文字，使用自定义形状工具插入电话、邮箱、微信、地址等图标，如图 6-20 所示。

图 6-19

图 6-20

## 6.2 转换文字属性

Photoshop 创建的文字是作为独立的文字图层存在于图像中的。为了增强图像效果，应用更多的 Photoshop 功能，可以将文字图层转换为普通图层、路径或形状图层，进而为文字添加更加绚丽的艺术效果。

### 6.2.1 栅格化文字

栅格化文字就是把矢量图变为位图。栅格化文字后，当把图像放大到一定比例时，会发现图像呈锯齿状，说明文字已经变为普通图层，如图 6-21 所示。

执行"文字 > 栅格化文字"命令，可以将文字图层转换为普通图层。在文字图层中单击鼠标右键，在弹出的快捷菜单中选择"栅格化文字"命令，如图 6-22 所示，也可以实现同样的效果。

某些命令和工具（例如滤镜效果和绘画工具）不适用于文字图层，必须在应用命令或使用工具之前栅格化文字。栅格化命令将文字图层转换为普通图层，并使其内容成为不可编辑的图形，而且这是一个不可逆的过程。

对于包含矢量数据的图层（如文字图层、形状图层和矢量蒙版）和包含生成的数据的图层（如填充图层），不能使用直接绘画工具或滤镜，但是可以先栅格化这些图层，将其内容转换为平面的光栅图像，再进行其他操作。

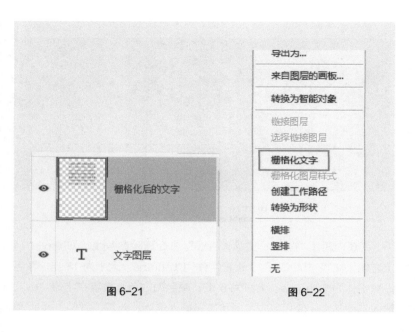

图 6-21

图 6-22

## 6.2.2　文字转换为路径

执行"文字 > 创建工作路径"命令，可以得到与文字图层中的文字外形相同的工作路径，如图6-23所示。用户可在此基础上，对文字进行描边等处理。

图 6-23

### 6.2.3 文字转换为形状

执行"文字 > 转换为形状"命令，可以将文字转换为与其轮廓相同的形状，图 6-24 为文字转换为形状前后的"图层"面板显示效果。

图 6-24

## 6.2.4 课堂案例——制作印章

【案例学习目标】学习使用文字工具、椭圆工具等制作印章。
【案例知识要点】椭圆工具、文字工具。
【效果图所在位置】ch06/ 效果 / 制作印章 .psd。

扫码观看本案例视频

（1）新建一个空白文件，文件名为"制作印章"，尺寸为 100mm×100mm，分辨率为 300 像素 / 英寸，色彩模式为 RGB 颜色，其他设置如图 6-25 所示。

（2）选择椭圆工具，在工具选项栏中设置样式为固定大小，宽、高均为 4.0cm，填充颜色为无，描边颜色为红色（255、0、0），描边宽度为 0.1cm，具体参数设置如图 6-26 所示，绘制圆形边框，如图 6-27 所示。

（3）新建一个图层，在工具选项栏中设置工具模式为"路径"，按住"Shift+Alt"组合键的同时，以红色圆形边框的圆心为圆心画出比红色圆形边框略小一些的正圆形路径。为了保证两个圆的圆心在同一位置，可以拉出中心参考线，如图 6-28 所示。

图 6-25

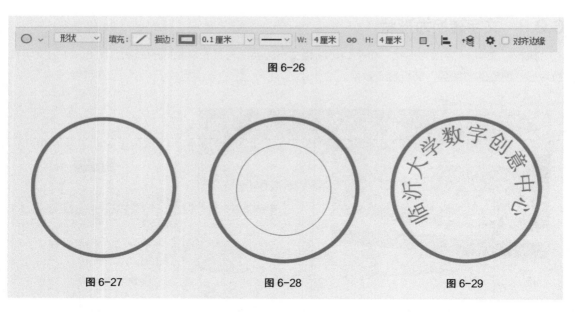

图 6-26

图 6-27　　　　　　　　图 6-28　　　　　　　　图 6-29

（4）在工具箱中选择横排文字工具，在工具选项栏设置字体为宋体、字号为 16 点。将鼠标指针放到路径旁边，当指针显示为 $\chi$ 时，输入文字"临沂大学数字创意中心"，使用"Alt+ →"组合键调整文字间距，效果如图 6-29 所示。

（5）使用自定义形状工具，在"形状"栏中选择五角星图案，在工具选项栏中设置填充颜色为红色（255、0、0），其他参数设置如图 6-30 所示，添加五角星后的效果如图 6-31 所示。

图 6-30

（6）选择横排文字工具，在图中合适的位置输入文字"美图专用"，设置字体为宋体、字号为12 点，印章就制作完成了。最后的印章效果如图 6-32 所示。

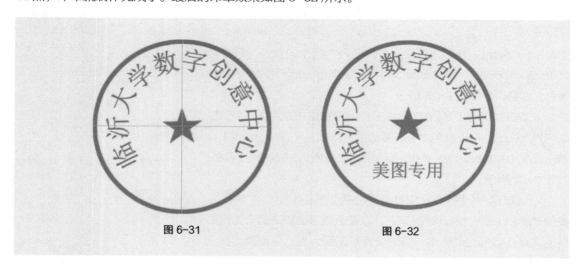

图 6-31　　　　　　　　图 6-32

# 6.3 异形文字

## 6.3.1 区域文字

异形文字

通过在路径内部输入文字，可以制作异形文字效果，具体步骤如下。

（1）打开素材文件"ch06/ 素材 / 素材 04.psd"，选择钢笔工具，并在工具选项栏中选择"路径"选项，在画布中绘制一条图 6-33 所示的路径。

（2）在工具箱中选择横排文字工具，在工具选项栏中设置适当的字体和字号，将鼠标指针放置在绘制的路径中间，直至鼠标指针转换为 ⬚ 形状。

（3）当鼠标指针为 ⬚ 状态时，在路径区域中单击（不要单击路径本身），从而插入文字光标，此时路径被虚线框包围。

（4）在文字光标处键入所需要的文字，效果如图 6-34 所示。

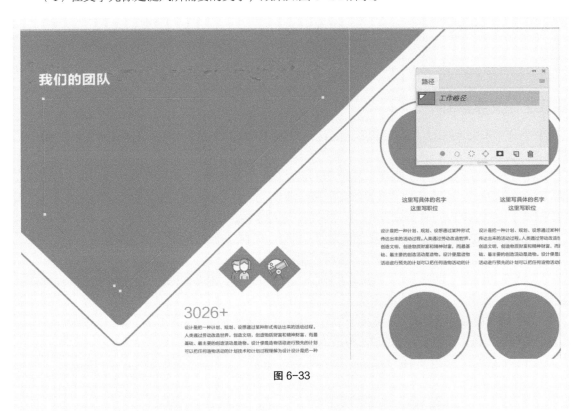

图 6-33

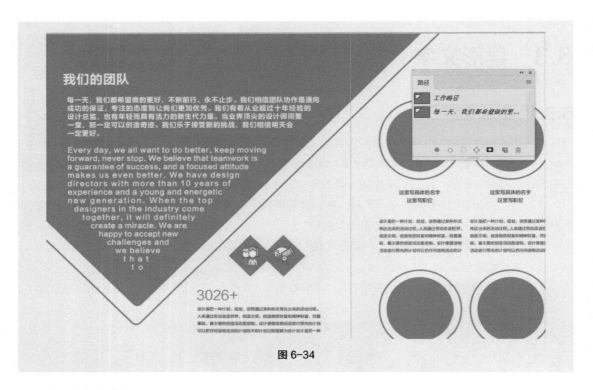

图 6-34

## 6.3.2 文字绕排

在制作异形文字效果时，路径的形状起到了关键性的作用，因此，要使文字的排列有不同的形状，只需要绘制不同形状的路径即可。

利用 Photoshop 提供的将文字绕排于路径的功能，能够将文字绕排于任意形状的路径，实现以前只能够在矢量软件中实现文字曲线排列的设计效果。使用这一功能，可以将文字绕排成为一条引导阅读者目光的流程线，使阅读者的目光跟随设计者的意图移动。

下面以为一款宣传广告添加绕排效果为例，讲解如何制作沿路径绕排文字的效果。

（1）打开素材文件"ch06/ 素材 / 素材 05.psd"。

（2）使用钢笔工具，选择工具选项栏中的"路径"选项，沿着图像边缘的弧度绘制一条路径，如图 6-35 所示。

（3）选择横排文字工具，在路径上单击，以插入文本光标，输入需要的文字，设置文字大小为 4 点、颜色为白色，使文字能全部填满整个边缘，做成文字花边的效果。

（4）单击工具选项栏中的"提交所有当前编辑"按钮 ✓，得到的效果如图 6-36 所示。

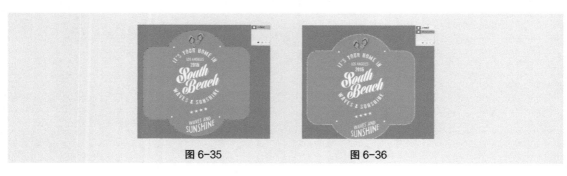

图 6-35　　　　　　图 6-36

# 6.4 课后习题——设计个性化名片

设计要求：同学们可以发挥自己的想象力，规划一下自己未来的职业，然后为自己设计一张个性化名片。名片尺寸为 94 mm×58mm，分辨率为 300 像素 / 英寸。

效果展示："ch06/ 效果 / 设计个性化名片效果 .psd"，如图 6-37 所示。

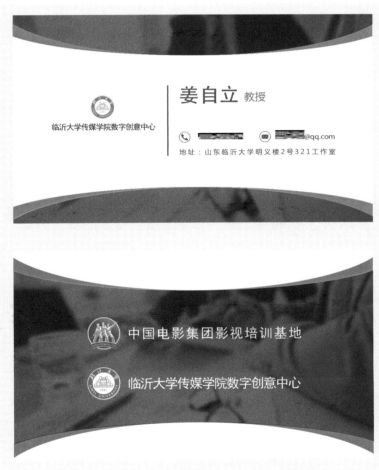

图 6-37

异形文字

# 第 7 章

# 滤镜特效

▶ **本章导读**

　　利用滤镜可以快速制作出各种特殊的图像效果。Photoshop 自带多种滤镜，功能强大，还可以通过插件的方式安装滤镜。读者需要在不断的实践中积累经验，才能灵活运用滤镜特效，创作出绚丽迷人的艺术作品。

**知识目标**

● 了解滤镜和滤镜库
● 掌握液化滤镜的使用
● 掌握智能滤镜的使用

**技能目标**

● 掌握滤镜工具的使用方法
● 掌握常用的内部滤镜命令
● 学会利用滤镜制作特殊效果

滤镜特效

07

# 7.1 滤镜库

滤镜库是一个集成了 Photoshop 中绝大部分滤镜命令的集合。用户除了可以通过滤镜库方便地选择和使用滤镜命令外，还可以通过滤镜效果图层为图像同时叠加多个滤镜。如果 Photoshop "滤镜"菜单没有显示出所有的滤镜，需要选择"编辑 > 首选项 > 增效工具"命令，在弹出的对话框中勾选"显示滤镜库的所有组和名称"选项，如图 7-1 所示。

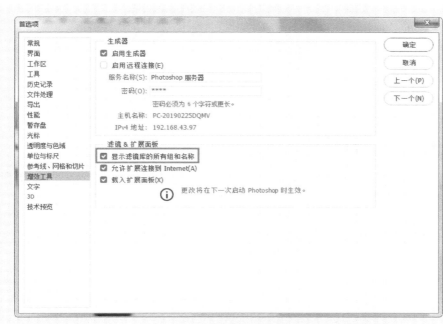

图 7-1

## 7.1.1 使用滤镜库

滤镜库中的滤镜主要分为风格化、画笔描边、扭曲、素描、纹理、艺术效果等 6 大类。使用"滤镜 > 滤镜库"命令打开滤镜库对话框，单击 ▶ 图标，就可以看到不同类别下具体滤镜的名称及效果，如图 7-2 所示。

滤镜库中的滤镜可以叠加使用。选择"滤镜 > 滤镜库"命令，打开滤镜库对话框，在此对话框中可以对当前操作的图像应用多个相同或者不同的滤镜，从而获得滤镜叠加的效果。例如，打开素材文件"ch07/ 素材 / 素材 01.jpg"，如图 7-3 所示，应用"粗糙蜡笔"滤镜后，又应用"龟裂缝"滤镜，得

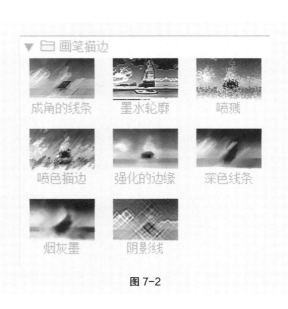

图 7-2

到图 7-4 所示的效果，两种滤镜效果产生了叠加效应。具体操作涉及滤镜效果图层的相关知识，请阅读 7.1.2 小节。

图 7-3                       图 7-4

## 7.1.2 滤镜效果图层的操作

滤镜效果图层的操作与普通图层的操作一样灵活。下面介绍常用的滤镜效果图层的操作方法。

### 1. 添加滤镜效果图层

通过单击滤镜添加滤镜效果图层。打开图像，执行"滤镜 > 滤镜库"命令，在打开的滤镜库对话框中部的滤镜类别中，选择"艺术效果"类别下的"粗糙画笔"滤镜，则为图像添加了"粗糙画笔"滤镜效果图层。

此时如果单击滤镜库对话框右下方的"新建效果图层"按钮，则会添加一个新的滤镜效果图层。新图层应用的滤镜及其参数设置，与当前处于选中状态的效果图层及其参数相同，如图 7-5 所示。这样两个相同的滤镜效果图层叠加，可以增强该滤镜的效果。

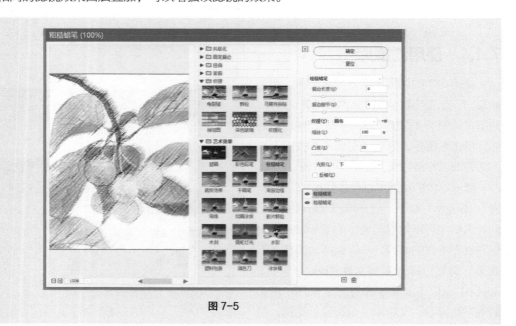

图 7-5

如图 7-6 所示，选中下面的"粗糙蜡笔"效果图层，然后单击"纹理"滤镜类别下的"龟裂缝"滤镜，该效果图层就变为"龟裂缝"效果图层。用这种方法可以实现双重或者多重不同滤镜效果的叠加。

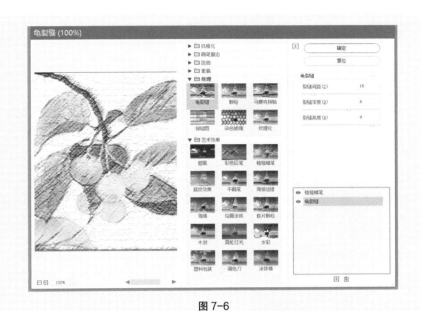

图 7-6

### 2. 改变滤镜效果图层的顺序

修改滤镜效果图层的顺序，可以改变应用这些滤镜所得到的效果。上下拖曳效果图层即可改变滤镜效果图层的顺序。

当滤镜效果图层的顺序发生变化时，所得到的效果也会发生改变。图 7-7 所示为改变"粗糙画笔"和"龟裂缝"两个滤镜叠加顺序的效果对比。

（a）先应用"龟裂缝"后应用"粗糙蜡笔"　　（b）先应用"粗糙蜡笔"后应用"龟裂缝"

图 7-7

### 3. 隐藏及删除滤镜效果图层

如果想查看某一个或者某几个滤镜效果图层添加前后的效果，可以单击该滤镜效果图层左边的眼睛图标将其隐藏或显示。对于不再需要的滤镜效果图层,可以将其删除。选择要删除的滤镜效果图层,单击"删除效果图层"按钮即可将其删除,如图 7-8 所示。

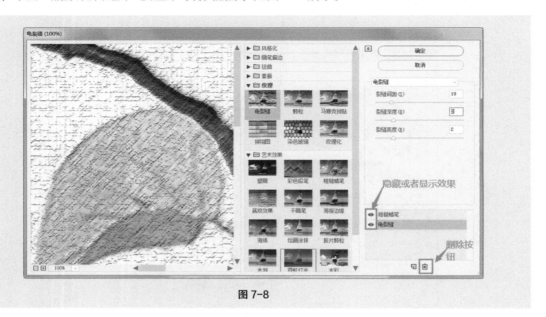

图 7-8

### 7.1.3 课堂案例——人像美化

扫码观看
本案例视频

【案例学习目标】以人像皮肤精修为例,学习滤镜的使用方法。

【案例知识要点】高反差保留滤镜、中间值滤镜、杂色滤镜、高斯模糊滤镜、污点修复画笔工具、图层蒙版。

【效果所在位置】ch07/ 效果 / 人像美化效果 .psd。

(1)打开素材文件"ch07/ 素材 / 素材 02.jpg",放大观察,分析原图,如图 7-9 所示,人物皮肤特别粗糙、凹凸不平,还有色斑。

(2)首先使用"Ctrl+J"组合键复制图层,生成"图层 1",选择污点修复画笔工具,调整笔触大小,使之比瑕疵稍大一些,单击大的色斑和瑕疵,进行修复,修复后效果如图 7-10 所示。

图 7-9

图 7-10

（3）复制两个修复后的图层，如图 7-11 所示。对"图层 1 拷贝 2"执行"滤镜 > 其他 > 高反差保留"命令，在弹出的"高反差保留"对话框中将"半径"设置为 2 像素，如图 7-12 所示。

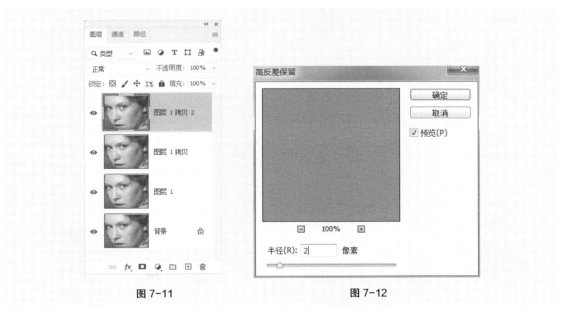

图 7-11　　　　　　　　　　　　　　　　　图 7-12

（4）将"图层 1 拷贝 2"的图层混合模式设置为"线性光"，如图 7-13 所示。单击图层左侧的眼睛图标，将图层隐藏。

（5）对"图层 1 拷贝"执行"滤镜 > 杂色 > 中间值"命令，在弹出的"中间值"对话框中将"半径"设置为 40 像素，效果如图 7-14 所示。

图 7-13　　　　　　　　　　　　　　　　　图 7-14

（6）执行"滤镜 > 模糊 > 高斯模糊"命令，在弹出的"高斯模糊"对话框中将"半径"设置为 25 像素，效果如图 7-15 所示。

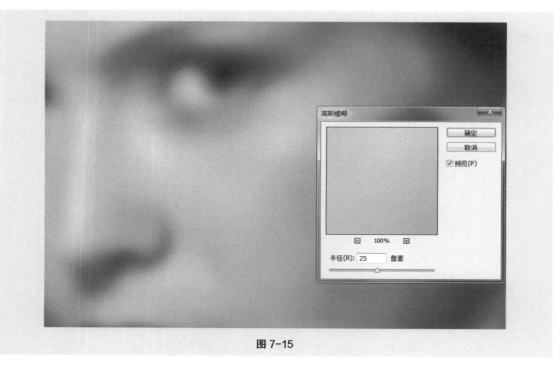

图 7-15

（7）执行"滤镜 > 杂色 > 添加杂色"命令，在弹出的"添加杂色"对话框中将"数量"设置为 2%，选择"高斯分布"选项，效果如图 7-16 所示。

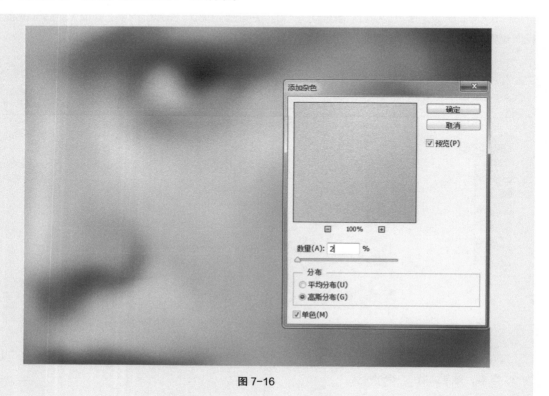

图 7-16

（8）添加图层蒙版，将蒙版填充为黑色，用白色画笔涂抹皮肤，如图7-17所示，效果如图7-18所示。

（9）单击"图层1拷贝2"左侧的眼睛图标，使图层显示，效果如图7-19所示。

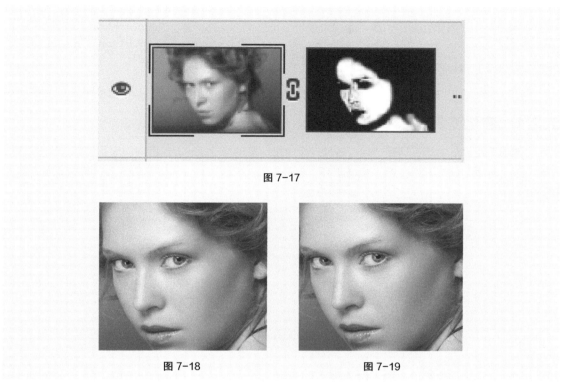

图 7-17

图 7-18　　　　　　　　　　　　　　图 7-19

（10）模特皮肤质感不强，可以按"Ctrl+J"组合键复制"图层1拷贝2"图层，生成"图层1拷贝3"图层，如图7-20所示，最终修饰的效果如图7-21所示。

图 7-20

图 7-21

# 7.2 液化滤镜

利用液化滤镜，可以通过交互方式推拉、旋转、反射、折叠和膨胀图像的任意区域，获得所需要的艺术效果。在图像处理中，液化滤镜常用于校正和美化人物形体。在 Photoshop CC 2017 中，液化滤镜的功能得到了进一步强化，添加了人脸识别功能，从而使用户可以更方便、更精确地对人物面部轮廓及五官进行修饰。

选择"滤镜 > 液化"命令或按"Shift+Ctrl+X"组合键即可调出"液化"对话框，如图 7-22 所示。

## 7.2.1 液化工具箱

"液化"对话框中的工具箱中包含多种人像修饰所需的液化工具，包括向前液化工具、重建工具、平滑工具、顺时针旋转扭曲工具、褶皱工具、膨胀工具、左推工具、冻结蒙版工具、解冻蒙版工具、脸部工具、抓手工具、缩放工具等，如图 7-23 所示。

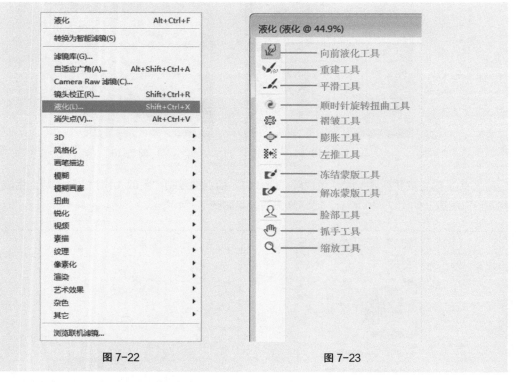

图 7-22　　　　　　　　　　　图 7-23

● 向前液化工具：在图像上拖曳指针，可以使图像随着涂抹产生变形。

● 重建工具：使用此工具可以完全或部分恢复对图像的操作。

● 平滑工具：这是 Photoshop CC 2017 中新增的一个工具。当对图像做大幅度的调整时，可能产生边缘线条不够平滑的问题，使用此工具进行涂抹，可使图像更加平滑、自然。

● 顺时针旋转扭曲工具：使图像产生顺时针旋转效果。按住"Alt"键操作，则可以产生逆时针旋转效果。

● 褶皱工具：使图像向操作中心点处收缩从而产生挤压效果。按住"Alt"键操作，可以实现膨胀效果。

● 膨胀工具：使图像背离操作中心点从而产生膨胀效果。按住"Alt"键操作，可以实现收缩效果。

● 左推工具：移动与涂抹方向垂直的像素。具体来说，从上向下拖曳时，可以使左侧的像素向右侧移动；从下向上拖曳时，可以使右侧的像素向左侧移动。

● 冻结蒙版工具：用此工具拖曳过的范围被保护，以免被进一步编辑。

● 解冻蒙版工具：解除使用冻结蒙版工具所冻结的区域，使其还原为可编辑状态。

● 脸部工具：此工具是 Photoshop CC 2017 中新增的，专用于对面部轮廓及五官进行处理的工具，可以快速实现调整眼睛大小、改变脸形、调整嘴唇形态等操作。

● 抓手工具：和 Photoshop 工具箱中的抓手工具一样，可以用来拖曳图像。

● 缩放工具：和 Photoshop 工具箱中的缩放工具一样，可以用来实现图像的缩放。

## 7.2.2 液化属性设置

液化滤镜在 Photoshop 中具有非常重要的作用，经常用于对人像进行美化，或者用来做出各种夸张的效果。

### 1. 画笔工具选项

"画笔工具选项"设置区域中的重要参数如图 7-24 所示。

● 大小：设置使用上述各液化工具操作时图像受影响区域的大小。

● 浓度：设置对画笔边缘的影响程度。数值越大，各液化工具对画笔边缘的影响程度就越大。

● 压力：设置使用上述各液化工具操作时，一次操作影响图像的程度大小。

● 固定边缘：这是 Photoshop CC 2017 中新增的选项，勾选后可避免在调整图像边缘时出现空白。

### 2. 人脸识别液化

"人脸识别液化"设置区域是 Photoshop CC 2017 中新增的，也是液化滤镜最为重大的一次升级。用户可以通过设置此区域参数对识别到的一张或多张人脸，进行眼睛、鼻子、嘴唇及脸部形状等调整，下面分别来讲解其具体操作方法。

（1）关于人脸识别。

人脸识别液化作为 Photoshop CC 2017 中新增的重要功能，使用该功能可以更方便地对人物进行液化处理，对正面人脸基本能够实现 100% 的成功识别，即使对有头发、帽子少量遮挡或小幅的侧脸，也可以做到正确识别。

但如果头部做出扭转、倾斜，大幅度的侧脸或过多遮挡等，使用该功能则有较大概率无法检测出人脸。另外，当图像尺寸较小时，由于无法提供足够的人脸信息，因此较容易出现无法检测人脸或检测错误的情况。

打开素材文件"ch07/ 素材 / 素材 03.jpg"，执

图 7-24

行"滤镜 > 液化"命令，在原始图像尺寸下，可以正确检测出人脸，如图 7-25 所示。

图 7-25

人脸检测的成功率还与面部的与环境对比有关，若对比小，则不容易检测成功；反之，对比明显，五官清晰，则更容易检测到人脸。在图 7-26 所示的照片中，人物皮肤比较明亮白暂，五官的对比较小，因此无法检测到人脸；而图 7-27 所示是用选区选择比较小的范围后使用液化滤镜，此时就成功检测到了人脸。

综上所述，在使用人脸识别液化工具时，首先需要正确识别出人脸，然后才能利用此工具对人脸进行调整，若无法识别到人脸，则只能使用其他工具处理了。

图 7-26

图 7-27

（2）人脸识别液化的基本用法。

在正确识别人脸后，可在"人脸识别液化"设置区域下方的"选择脸部"下拉列表中选择要液化的区域，然后分别在下面调整眼睛、鼻子、嘴唇等面部参数。在对人脸进行调整后，单击"复位"按钮可以将当前人脸恢复为初始状态，单击"全部"按钮，则将图像中所有对人脸的调整恢复至初始状态，如图 7-28 所示。

图 7-28

### 3. 载入网格选项

在使用液化滤镜对图像进行变形时，可在"载入网格选项"设置区域中单击"存储网格"按钮，将当前对图像的修改存储为一个文件，当需要时可以单击"载入网格"按钮将其重新载入，以便于再次编辑。单击"载入上次网格"按钮，则可载入最近一次使用的网格。

### 4. 视图选项

在"视图选项"设置区域可以设置液化过程中的辅助各选项的功能，如图 7-29 所示。

图 7-29

● 显示参考线：这是 Photoshop CC 2017 中新增的选项，勾选此复选框，可以显示在图像中创建的参考线。

● 显示面部叠加：这是 Photoshop CC 2017 中新增的选项，勾选此复选框，当成功检测人脸时，会在视图中显示一个类似括号形态的控件。

● 显示图像：勾选此复选框，在对话框预览窗口中显示当前操作的图像。

● 显示网格：勾选此复选框，在对话框预览窗口中显示辅助操作的网格，并可以在其下方设置网格的大小及颜色。

● 显示蒙版：勾选此复选框，将可以显示使用冻结蒙版工具绘制的蒙版，并可以在下方设置蒙版的颜色；取消勾选此选项后，会隐藏蒙版。

● 显示背景：勾选此复选框，以当前文档中的某个图层为背景，并可以在其下方设置其显示方式。

### 5. 蒙版选项

"蒙版选项"设置区域中的重要参数如图 7-30 所示。

其中列出了 5 种蒙版运算模式，包括"替换选区" ▣ 、"添加到选区" ▣ 、"从选区中减去" ▣ 、"与选区交叉" ▣ 及"反相选区" ▣ 。其原理与 Photoshop 路径工具选项栏中的路径运算基本相同，只不过此处是选区与蒙版之间的运算。

● 无：单击该按钮可以取消当前所有图像的冻结状态。

● 全部蒙住：单击该按钮可以将当前图像全部冻结。

● 全部反相：单击该按钮可以将未冻结的区域和冻结的区域进行转换。

图 7-30

### 6. 画笔重建选项

"画笔重建选项"设置区域中的重要参数如图 7-31 所示。

重建：单击此按钮，在弹出的对话框中设置参数，选择重建工具，在预览窗口中拖曳鼠标，可以逐步对液化处理后的图像进行恢复。

恢复全部：单击此按钮，将放弃所有更改，使图像恢复至初始状态。

图 7-31

# 7.3 智能滤镜

使用智能滤镜除了能够直接对智能对象应用滤镜效果外，还可以对所添加的滤镜进行反复修改。图层中的智能滤镜如图 7-32 所示。

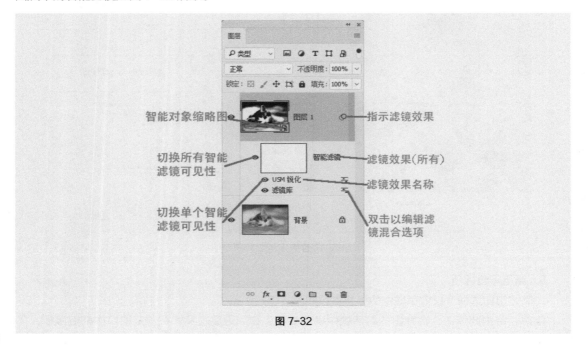

图 7-32

## 7.3.1 添加智能滤镜

智能滤镜是一种非破坏性的滤镜，它不会改变图像的原始数据，只会将滤镜效果应用于智能对象上。添加智能滤镜的具体方法如下。

（1）打开素材文件"ch07/ 素材 / 素材 04.jpg"，复制背景图层，在菜单栏中选择"滤镜 > 智能滤镜"命令。对普通图层执行该命令，会弹出图 7-33 所示的对话框，提示"选中的图层将转换为智能对象，以启用可重新编辑的智能滤镜"，单击"确定"按钮完成转换。

（2）选择要应用智能滤镜的智能对象图层，如图 7-34 所示。

图 7-33

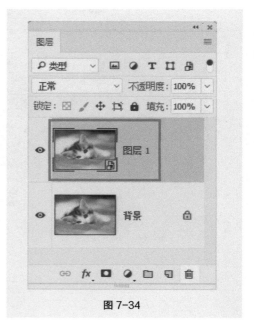

图 7-34

（3）在菜单栏中选择"滤镜 > 滤镜库"命令，在弹出的对话框中选择"素描 > 绘图笔"滤镜，设置适当的参数，如图7-35所示。

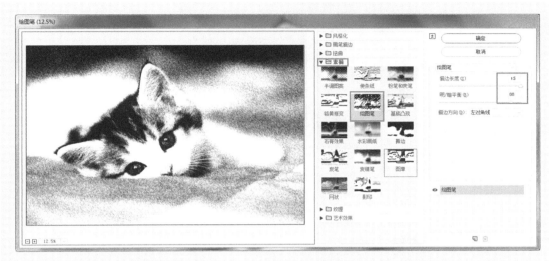

图7-35

（4）设置完毕后，单击"确定"按钮退出对话框，生成一个对应的智能滤镜图层，如图7-36所示。

（5）如果要添加多个智能滤镜，可以重复操作，直至得到满意的效果。

## 7.3.2 编辑智能蒙版

与普通蒙版相似，智能蒙版使用黑色来隐藏图像的滤镜效果，使用白色来显示滤镜效果，使用不同的灰色来产生不同的透明效果。

首先选择要编辑的智能蒙版，然后用画笔工具、渐变工具等在蒙版上进行涂抹。制作黑白渐变智能蒙版后得到的图像效果如图7-37所示。从"图层"面板可以看出，在蒙版的黑色区域，该智能滤镜的效果被完全地隐藏了。

执行"图层 > 智能滤镜 > 删除滤镜蒙版"命令或"图层 > 智能滤镜 > 添加滤镜蒙版"命令，即可对智能蒙版进行删除或者添加的操作。在滤镜效果蒙版缩览图或者"智能滤镜"这几个字上单击鼠标右键，在弹出的快捷菜单中选择"删除滤镜蒙版"或者"添加滤镜蒙版"命令也可以实现同样的操作。

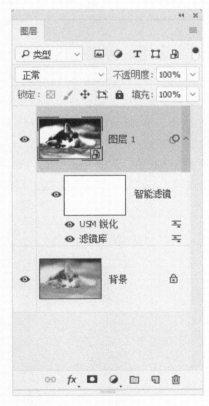

图7-36

图 7-37

### 7.3.3　编辑智能滤镜

  智能滤镜的一个优点在于可以反复编辑所应用的滤镜参数。直接在图 7-32 所示的"图层"面板中双击要修改参数的滤镜名称即可进行编辑。另外，对于包含在"滤镜库"中的滤镜，双击滤镜后会调出"滤镜库"对话框，除了修改参数外，还可以选择其他滤镜。

### 7.3.4　启用、停用智能滤镜

  启用或者停用智能滤镜可以对所有智能滤镜进行操作或对某个智能滤镜单独进行操作。

  要停用所有智能滤镜，可以在所属的智能对象图层最右侧的"指示滤镜效果"图标上单击鼠标右键，如图 7-38 所示，在弹出的快捷菜单中选择"停用智能滤镜"命令。此操作会隐藏所有智能滤镜生成的图像效果。

  再次在该位置处单击鼠标右键，如图 7-39 所示，在弹出的快捷菜单中选择"启用智能滤镜"命令，即可显示所有智能滤镜生成的图像效果。

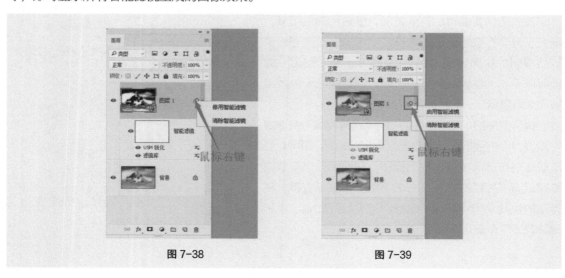

图 7-38　　　　　　　　　　　　　　图 7-39

直接单击智能蒙版左侧的眼睛图标，如图 7-40 所示，同样可以停用或启用全部的智能滤镜。如果要停用或者启用单个智能滤镜，只需要单击单个智能滤镜前面的眼睛图标即可。

## 7.3.5 删除智能滤镜

要对智能滤镜执行删除操作，可以直接在该滤镜名称上单击鼠标右键，在弹出的快捷菜单中选择"删除智能滤镜"命令，或者将要删除的滤镜图层直接拖曳至"图层"面板底部的"删除图层"按钮上，如图 7-41 所示。

如果要清除所有智能滤镜，则可以直接执行"图层 > 智能滤镜 > 删除智能滤镜"命令，或者在"智能滤镜"这几个字上单击鼠标右键，在弹出的菜单中选择"删除智能滤镜"命令，如图 7-42 所示。这样，已应用的"USM 锐化"滤镜和"滤镜库"滤镜都会被删除。

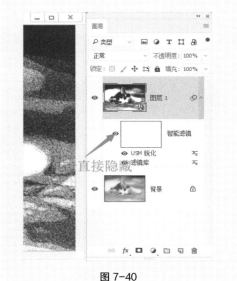

图 7-40

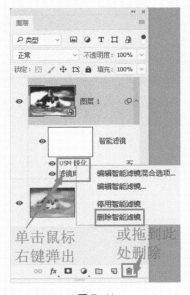

图 7-41

图 7-42

# 7.4 课后习题——制作山水画

素材位置："ch07/ 素材 / 素材 05.jpg"。

设计要求：根据给出的素材，如图 7-43 所示，利用适当的滤镜制作一幅山水画，并配上合适的诗词文字。画幅尺寸为 350 mm×150mm，分辨率为 72 像素 / 英寸。

扫码观看本案例视频

效果展示："ch07/ 效果 / 制作山水画效果 .psd"，如图 7-44 所示。

图 7-43

图 7-44

# 第 8 章

# 通道抠图

## ▶ 本章导读

通道是 Photoshop 中重要的简化操作工具，常用来存储图像选区。利用通道保存颜色数据的特性可以快捷、方便地选取图像中的某部分来得到选区，从而可以利用选区抠图，并制作出许多特殊的图像效果。本章介绍通道的基础知识，并通过几个案例介绍通道抠图的具体方法。

### 知识目标

● 熟悉通道面板及通道的操作

● 了解混合颜色带

● 掌握通道抠图的方法

### 技能目标

● 掌握用通道抠取复杂背景的方法

● 掌握用通道抠选头发的方法

● 掌握用通道抠选透明物体的方法

通道抠图

# 8.1 通道概览

通道抠马

通道可以被视为由原色组成的图像，它保存着图像的颜色数据。第 3 章介绍的各种调色方法也可以用于单种颜色通道。通道还可以进行单种颜色通道的变形、添加滤镜、复制粘贴等图像处理操作。因此，通道成为重要的简化操作工具，常用来存储图像选区。在图像处理中可以用通道来建立选区，存储、制作精确的选区，进而对选区进行各种处理。

## 8.1.1 通道类型

在 Photoshop 中，通道可以分为颜色通道、Alpha 通道和专色通道 3 类，如图 8-1 所示。每一种通道都有不同的功能。

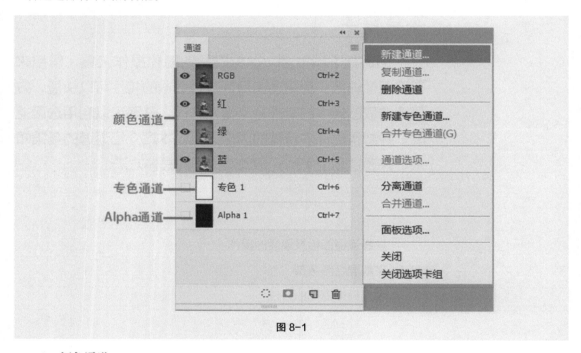

图 8-1

### 1. 颜色通道

一个图片被建立或者打开以后会自动创建颜色通道。当我们在 Photoshop 中编辑图像时，实际上就是在编辑颜色通道。这些通道把图像分解成一个或多个色彩成分，图像的颜色模式决定了颜色通道的数量，RGB 图像有 4 个通道，其中 1 个是复合通道（RGB 通道），3 个是分别代表红色、绿色和蓝色的通道；CMYK 图像有 5 个通道，其中 1 个是复合通道（CMYK 通道），4 个是分别代表青色、洋红、黄色和黑色的通道；灰度图像只有一个颜色通道。当我们查看单个通道的图像时，图像窗口中显示的是没有颜色的灰度图像，通过编辑灰度级的图像，可以更好地掌握各个通道颜色的亮度变化。

### 2. Alpha 通道

Alpha 通道是计算机图形学中的术语，指的是特别的通道。有时，它特指透明信息，但通常的意思是"非彩色"通道。Alpha 通道是为保存选区而专门设计的通道，在生成一个图像文件时并不是必须生成 Alpha 通道。通常，Alpha 通道是人们在图像处理过程中人为生成的，并且可以从中读取选区信息。因此，在输出制版时，Alpha 通道会因为与最终生成的图像无关而被删除。

**3. 专色通道**

专色通道也称为专色油墨，是指一种预先混合好的特定彩色油墨，用于补充印刷色（CMYK）油墨，如明亮的橙色、绿色、荧光色、金属银色、烫金版、凹凸版、局部光油版等。

## 8.1.2　通道的基本操作

在"通道"面板中，颜色通道除了可以复制颜色信息、分离与合并通道外，还可以通过显示与隐藏通道、复制通道及删除通道来改变图像色调。

**1. 显示／隐藏通道**

在默认情况下，"通道"面板中的眼睛图标表示当前通道呈显示状态。单击红色通道左侧的眼睛图标，将隐藏图像中的红色通道，只显示图像中的绿色通道与蓝色通道。在"通道"面板中，还可以分别隐藏绿色通道与蓝色通道。

**2. 复制通道**

为了避免在原通道中编辑单色通道后不能还原通道，需要将该通道复制后再编辑。复制通道的方法有 2 种。

（1）直接选中并且拖曳要复制的通道至"通道"面板上的"创建新通道"按钮 ，得到其通道副本。

（2）选中要复制的通道后，选择"通道"面板菜单中的"复制通道"命令，在弹出的对话框中直接单击"确定"按钮，如图 8-2 所示，可以得到与使用第一种方法完全相同的通道副本。

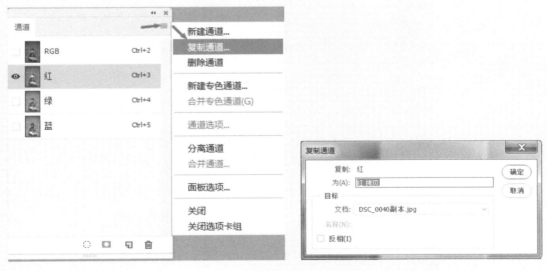

图 8-2

如果在弹出的"复制通道"对话框中勾选"反相"选项，那么会得到与前述方法明暗关系相反的通道副本，如图 8-3 所示。

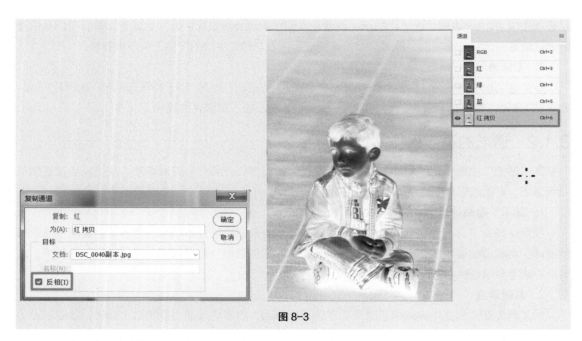

图 8-3

如果在"复制通道"对话框的"文档"下拉列表中选择"新建"选项，那么会将通道复制到一个新建文件中，如图 8-4 所示。

图 8-4

### 3. 删除通道

将没有用的通道删除，可以节省硬盘存储空间，提高程序运行速度。将要删除的通道拖曳至"通道"面板下方的"删除当前通道"按钮 🗑 上，或者选择"通道"面板菜单中的"删除通道"命令，即可删除通道，如图 8-5 所示。

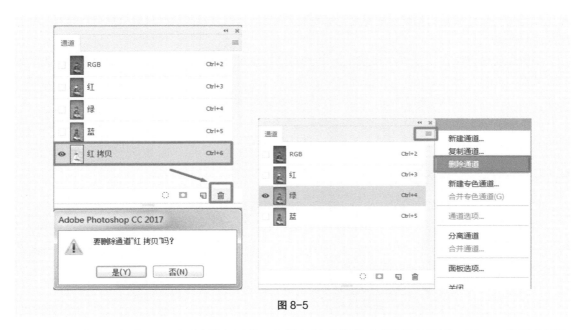

图 8-5

在“通道”面板中还可以删除单色通道，这样会得到意想不到的颜色效果。图 8-6 所示分别为删除红、绿、蓝单色通道得到的效果。

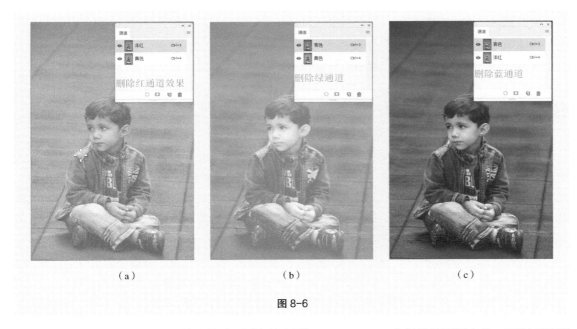

（a）　　　　　　　　　　（b）　　　　　　　　　　（c）

图 8-6

如果是在有两个以上图层的文档中删除颜色通道，Photoshop 会提示将图层合并，否则无法删除颜色通道。

### 8.1.3　Alpha 通道

在 Photoshop 中，图像默认是由颜色通道组成的，但是除了颜色通道外，还可以为图像添加

Alpha 通道与专色通道。Alpha 通道的使用频率非常高，而且非常灵活，其最重要的功能就是用来保存并编辑选区。

Alpha 通道可以用于创建和存储选区。将选区以灰度图像的形式保存在 Alpha 通道中，在需要时可以载入图像。也可以添加 Alpha 通道来创建和存储蒙版，这些蒙版用于处理或保护图像的某些部分。Alpha 通道与颜色通道不同，它不会直接影响图像的颜色。

在 Alpha 通道中，白色代表被选择的区域，黑色代表未被选择的区域，而灰色则代表被部分选择的区域，即羽化的区域。

### 8.1.4 通道作为选区载入

在操作时既可以将选区保存为 Alpha 通道，也可以将通道作为选区载入。

在"通道"面板中选择任意一个 Alpha 通道，然后单击"通道"面板底部的"将通道作为选区载入"按钮 ○ ，即可载入此 Alpha 通道所保存的选区。此外，也可以在载入选区的同时进行运算。将通道作为选区载入以及载入选区并进行运算的方法有以下几种。

- 按住"Ctrl"键的同时单击通道，可以直接调用此通道所保存的选区。
- 在选区已存在的情况下，按住"Ctrl+Shift"组合键的同时单击通道，可以在当前选区中增加该通道所保存的选区。
- 在选区已存在的情况下，按住"Alt+Ctrl"组合键的同时单击通道，可以在当前选区中减去该通道所保存的选区。
- 在选区已存在的情况下，按住"Alt+Ctrl+Shift"组合键的同时单击通道，可以得到当前选区与该通道所保存的选区相重叠的选区。

按照上述方法也可以载入颜色通道中的选区。

# 8.2 混合颜色带

混合颜色带是 Photoshop 中的高级图层控制功能。使用此功能可以通过精确到像素级别的方式指定图像的显示与隐藏范围，其中包括对灰色及各颜色通道中的图像，分别进行明暗显示的控制。使用这些功能对图像进行混合，可以取得非常细腻、逼真、自然的混合效果。由于能够精确到像素级别控制图像的显示与隐藏范围，这一功能也适用于对图像进行抠选操作，较适合抠选火焰及云彩等类型的图像。

通常情况下，选择要混合的图层，然后单击"添加图层样式"按钮 fx ，在弹出的菜单中选择"混合选项"命令即可调出其对话框，如图 8-7 所示，其中底部就是"混合颜色带"设置区域。

在"混合颜色带"下拉列表中可以选择需要控制混合效果的通道，如果选择"灰色"则按全色阶通道方式混合整幅图像。

下拉列表中的其他选项会因图像颜色模式的不同而变化。例如在 RGB 模式下，该下拉菜单中还会出现红、绿、蓝 3 个选项，如图 8-8 所示。

在 CMYK 模式下，则会出现青色、洋红、黄色和黑色 4 个选项，如图 8-9 所示。

- "本图层"颜色带：用于控制当前图层中的图像，从最暗色调像素至最亮色调像素的显示情况。向右侧拖曳黑色滑块可以隐藏暗调像素，向左侧拖曳白色滑块可以隐藏亮调像素。

● "下一图层"颜色带：其功能与"本图层"颜色带基本相同，只是调整"下一图层"颜色带的操作是对下方图层的像素生效，而对本图层的像素无效。

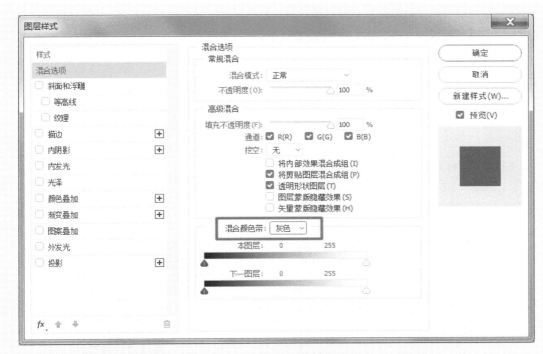

图 8-7

图 8-8

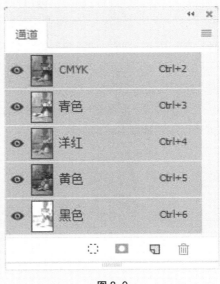

图 8-9

# 8.3 通道应用实例

## 8.3.1 课堂案例——利用通道抠选云雾

扫码观看
本案例视频

【案例学习目标】掌握利用通道抠图的基本方法。
【案例知识要点】将通道作为选区载入、复制图层。
【效果所在位置】ch08/ 效果 / 利用通道抠选云雾效果 .psd。

（1）打开素材文件"ch08/ 素材 / 素材 01.jpg"。

（2）选择"窗口 > 通道"命令，观察通道中的红、绿、蓝通道，发现红通道的对比最强烈，选择红通道，单击 "将通道作为选区载入"按钮 ○，如图 8-10 所示。

图 8-10

（3）单击 RGB 通道，使所有通道恢复可见，效果如图 8-11 所示。

（4）打开"图层"面板，选中图层，按"Ctrl+J"组合键（或者先单击"图层"面板下方的"创建新图层"按钮创建空白图层，然后按"Ctrl+C"组合键复制选区，再按"Ctrl+V"组合键粘贴选区），复制选区到新的图层。如图 8-12 所示，白云就被完整地抠选，在白云下方添加绿色（或者其他颜色）的图层就可以更清晰地看到抠图效果。

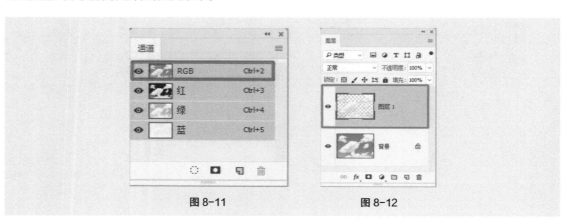

图 8-11                          图 8-12

## 8.3.2 课堂案例——利用通道抠选头发

【案例学习目标】掌握利用通道抠选头发的方法。
【案例知识要点】复制通道、将通道作为选区载入、复制图层。
【效果所在位置】ch08/ 效果 / 利用通道抠选头发效果 .psd，如图 8-17 所示。

（1）打开素材文件"ch08/ 素材 / 素材 02.jpg"。

（2）在"通道"面板中观察红、绿、蓝 3 个通道，发现蓝色通道的颜色反差最大，人物细节比较好，选择蓝通道并单击鼠标右键，在弹出的快捷菜单中选择"复制通道"命令，弹出"复制通道"对话框，单击"确定"按钮得到"蓝 拷贝"通道，如图 8-13 所示。

（3）加强通道的明暗反差。按"Ctrl+L"组合键打开"色阶"对话框，将黑色滑块向右拖曳，使暗部更暗；将白色滑块向左拖曳，使高光更亮；将中间的灰色滑块向右拖曳，使中间色调更暗。经过这样调整，通道对比效果更强了，效果如图 8-14 所示。

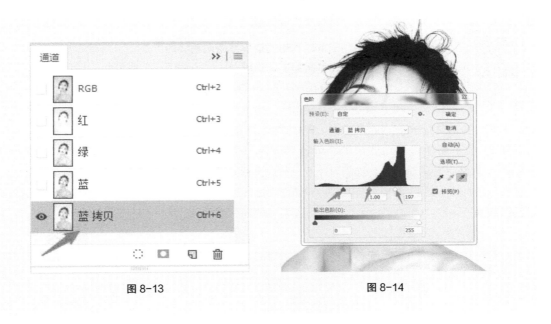

图 8-13　　　　　　　　　　　　　　　　图 8-14

（4）填充保留人物部分。选择画笔工具，设置前景色为黑色，涂抹不需要抠出的部分。再设置前景色为白色，涂抹需要去除的部分。也可用钢笔工具等选择工具选择需要抠除的部分，将其填充为白色，将需要保留的部分填充为黑色，效果如图 8-15 所示。

（5）选中"蓝 拷贝"通道，单击"通道"面板下方的"将通道作为选区载入"按钮，如图 8-16 所示，此时图像中的背景部分被选中。

（6）复制人像。按"Ctrl+Shift+I"组合键反选，选中人物，按"Ctrl+J"组合键复制图层，得到"图层 1"，隐藏原图层，效果如图 8-17 所示。

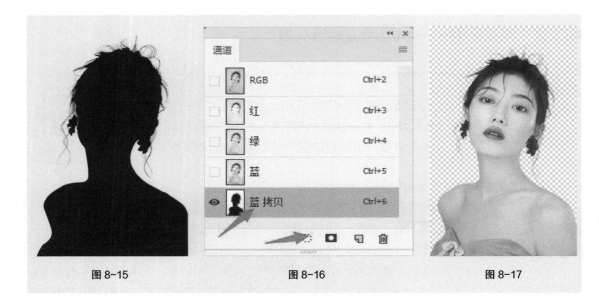

图 8-15 　　　　　　　　　　　　　　　图 8-16 　　　　　　　　　　　　　　　图 8-17

### 8.3.3 课堂案例——利用通道抠选透明玻璃瓶

扫码观看
本案例视频

【案例学习目标】掌握利用通道抠选透明物体的方法。
【案例知识要点】复制通道、调整色阶、设置图层混合模式。
【效果所在位置】ch08/ 效果 / 利用通道抠选透明玻璃瓶效果 .psd。

**124**

（1）打开素材文件"ch08/ 素材 / 素材 03.jpg"。

（2）由于图像是黑白效果的，可随意选择一个通道单击鼠标右键，复制通道，然后选择
"图像 > 调整 > 色阶"命令，加强对比度，参数设置如图 8-18 所示。

（3）单击"通道"面板下方的"将通道作为选区载入"按钮，按"Ctrl+Shift+I"组合键反选，
返回图层面板，按"Ctrl+J"组合键复制图层，隐藏原图层，如图 8-19 所示。

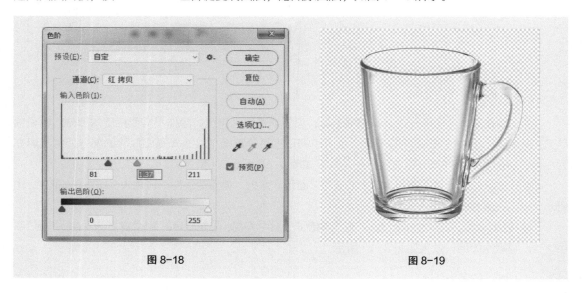

图 8-18 　　　　　　　　　　　　　　　　　　　　图 8-19

（4）将抠出的玻璃杯图像与其他素材合并。打开素材文件"ch08/素材/素材04.jpg"，选择移动工具 ⊕，把抠出的玻璃杯拖曳至新打开的素材文件里，使用"Ctrl+I"组合键使颜色反相，再按两次"Ctrl+J"组合键，复制两个图层，将下面图层的混合模式设置为"变亮"模式，上面的两个图层的混合模式设置为"滤色"模式，如图8-20所示。

图 8-20

# 8.4  课后习题——利用抠图合成海报

素材位置："ch08/素材/素材05.jpg、素材06.jpg"。

设计要求：利用两张素材图片，如图8-21和图8-22所示，通过通道抠图等处理方式，合成一张海报。

效果展示："ch08/效果/利用抠图合成海报效果.psd"，如图8-23所示。

扫码观看
本案例视频

图 8-21

图 8-22

图 8-23

# 第 9 章

# 自动化处理

▶ **本章导读**

Photoshop 具有自动化处理图像的功能，适用于图像处理工作中对大量图像进行重复操作的场景。当需要对编辑的大量图像使用相同的处理命令和参数设置时，可以将图像处理的一系列命令录制为动作。动作是用于处理单个文件或者一批文件的指令。Photoshop 引入的动作命令，可以使工作任务自动化，使得批量处理文件既省时又省力。

知识目标

● 了解动作面板

● 掌握动作的录制、播放、编辑和删除

● 掌握自动化处理图像的方法

技能目标

● 学会存储和载入动作

● 熟练使用动作执行自动化处理

自动化处理

# 9.1 动作面板

　　动作面板是建立、编辑和执行动作的主要场所。执行"窗口 > 动作"命令，或按"Alt+F9"组合键，即可在图像窗口中显示"动作"面板，如图 9-1 所示。应用、录制、编辑、删除动作都在动作面板中完成。

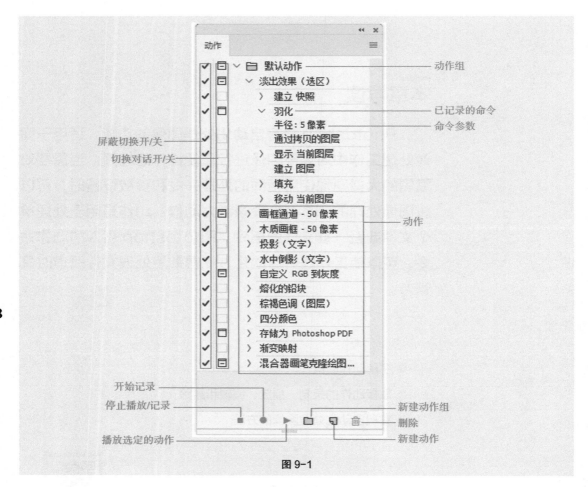

图 9-1

　　● 动作组：组就像是一个文件夹，是一组动作的集合，里面包含了一系列的相关动作。如果面板中的动作较多，则可以将同一类动作存放在用于保存动作的组中。单击动作组名称左侧的▶按钮或▼按钮，可展开或者折叠其中的动作。

　　● 已记录的命令：显示动作中记录的命令。

　　● 命令参数：显示动作中记录的命令参数。通过查看命令参数，可知道该动作中各参数的具体数值。

　　● 动作：显示动作组中独立动作的名称。

　　● 屏蔽切换开 / 关 ✓：单击动作中某一个命令名称最左侧的 ✓，去除 ✓ 显示，可以屏蔽此命令，使其在播放动作时不被执行。如果当前动作中有一部分命令被屏蔽，动作名称最左侧的 ✓ 将显示为红色。

● 切换对话开/关▢：若动作中的命令显示▢标记，则表示该命令可进行设置或者更改参数。

● "新建动作组"按钮▢：单击该按钮，可以创建一个新动作组。

● "新建动作"按钮▢：单击该按钮，可以创建一个新动作。

● "播放选定的动作"按钮▶：单击该按钮，可以应用当前选择的动作。在"动作"面板菜单中有Photoshop预设的动作组，直接单击所需要的动作组名称，即可载入该动作组所包含的动作，然后选中要应用的动作，单击"播放选定的动作"按钮即可。

● "删除"按钮▣：单击该按钮，可以删除当前选择的动作。

● "停止播放/记录"按钮▪：单击该按钮，可以停止录制动作。

● "开始记录"按钮●：单击该按钮，可以开始录制动作。从图9-1可以看出，在录制动作时，不仅执行的命令被录制在动作中，如果该命令具有参数，参数也会被录制。

● 扩展按钮▤：单击右上方的扩展按钮▤，在弹出的面板菜单中选择"按钮模式"命令，可以使动作面板中的动作以不同的模式显示，如图9-2所示。

图 9-2

# 9.2 录制动作

在工作中时常需要创建新的动作来处理大批文件，可以按下述步骤操作。

（1）单击"动作"面板底部的"新建动作组"按钮▢，在弹出的对话框中输入新组名称后，单击"确定"按钮，建立一个新动作组。

（2）单击"动作"面板底部的"新建动作"按钮▢，或单击"动作"面板右上角的扩展按钮▤，在弹出的面板菜单中选择"新建动作"命令。在弹出的"新建动作"对话框中进行设置，如图9-3所示。

图 9-3

● 组：在此下拉列表中列有当前"动作"面板中所有动作的名称，在此可以选择一个将要放置新动作的组名称。

● 功能键：为了更快捷地播放动作，可以在该下拉列表中选择一个功能键，此后在播放新动作时，直接按功能键即可。

（3）设置参数后，单击"记录"按钮，即可创建一个新动作。同时，"动作"面板上的"开始记录"按钮 ● 被自动激活，显示为红色，表示进入动作的录制阶段，如图9-4所示。

（4）执行需要录制在动作中的命令。

（5）所有操作完毕，或在录制中需要终止录制过程时，单击"停止播放／记录"按钮 ■，如图9-5所示，即可停止记录动作。在此情况下，停止记录动作前在当前图像文件中的操作，都被记录在新动作中。

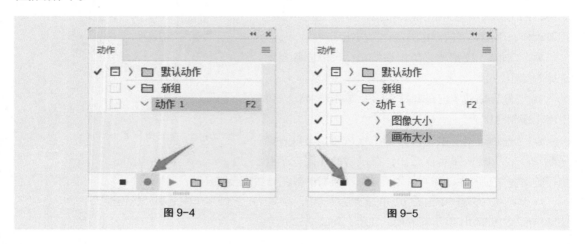

图9-4　　　　　　　　　　图9-5

# 9.3　编辑动作

对于已录制完成的动作，也可以改变其中的命令参数。

## 9.3.1　修改参数

在"动作"面板中双击需要改变参数的命令，在弹出的对话框中输入新的数值，单击"确定"按钮即可修改参数。

在"动作"面板中还可以重新排列命令顺序。在某一个命令上单击并按住鼠标左键，可以将其拖曳到面板中的任意位置，改变命令的顺序。

对话框开关为应用动作提供了很大的自由度。通常情况下，在播放动作时，所录制的命令按录制时所指定的参数操作对象。如果打开对话框开关，则可使动作暂停，并显示对话框，以方便执行者针对不同情况指定不同的参数。

在"动作"面板中选择需要指定不同参数的命令，单击该命令名称左侧"切换对话开／关"处的空格，使图标 □ 显示，即可在动作执行过程中开启对话；再次单击此位置，使其呈现空白状态，即可在动作执行过程中关闭对话。如果要使某动作中所有可设置参数的命令都弹出对话框，可单击动作名称左边的切换对话开关，使图标 □ 处于显示状态；同样地，再次单击此位置，可以隐藏 □ 图标，使之呈现空白状态。

## 9.3.2 插入菜单项目

图 9-6

通过插入菜单项目，用户可以在录制动作的过程中，将任意一个菜单命令记录在动作中。

单击"动作"面板右上角的扩展按钮 ，在弹出的面板菜单中选择"插入菜单项目"命令，如图 9-6 所示。

在弹出的"插入菜单项目"对话框中，选择需要录制的命令，例如，选择"视图：显示额外内容"命令，此时的对话框将变为图 9-7 所示的状态。

在单击"确定"按钮关闭"插入菜单项目"对话框之前，当前插入的菜单项目是可以随时更改的，只需重新选择需要的命令即可。

图 9-7

## 9.3.3 插入停止动作

在录制动作的过程中，由于某些操作无法被录制，但却必须执行，所以需要在录制过程中插入一个"停止"对话框，以提示操作者。

选择"动作"面板菜单中的"插入停止"命令，将弹出图 9-8 所示的对话框。

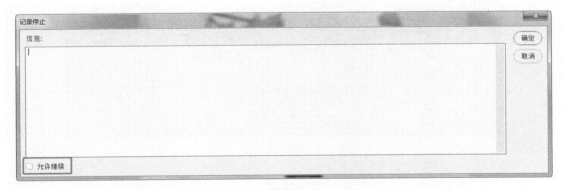

图 9-8

"记录停止"对话框中的重要参数解释如下。

● 信息：在下面的文本框中输入提示性的文字。

● 允许继续：如果不勾选此复选框，在应用动作时，会弹出图 9-9 所示的提示框；如果勾选此复选框，在应用动作时，会弹出图 9-10 所示的提示框。

| 信息 | 信息 |
|---|---|
| 未选中"允许继续"选项 | 选中"允许继续"选项 |
| 停止(S) | 继续(C)　停止(S) |

图 9-9 　　　　　　　　　　　　　　图 9-10

### 9.3.4　课堂案例——利用动作处理图像

【案例学习目标】熟悉动作面板，掌握动作的基本操作，掌握动作的存储和载入。

【案例知识要点】录制动作、播放动作、停止动作，存储和载入动作。

【效果所在位置】ch09/ 效果 / 风景照处理 .atn、利用动作处理图像效果 .psd。

（1）打开素材文件"ch09/ 素材 / 素材 01.jpg"，如图 9-11 所示。

图 9-11

（2）使用"Alt + F9"组合键打开"动作"面板，单击"创建新组"按钮 ▢，创建名为"组 1"的动作组，单击"新建动作"按钮 ▢，创建名为"风景照处理"的动作，此时录制按钮自动变为红色，表示正在录制动作，如图 9-12 所示。

（3）按顺序依次完成以下几步操作：将图像裁剪为 1∶1 的比例→调整照片为黑白效果→输入文字"校园风景"→保存图片。图像保存在"ch09/ 效果"文件夹，格式为 JPG，最终效果如图 9-13 所示。

图 9-12    图 9-13

（4）单击"停止录制"按钮 ▪ 。这样就完成了一个动作的录制。录制完的动作，默认是嵌入动作面板的。如果要在其他电脑上使用，可以单击动作面板右上角的扩展按钮▤，在弹出的面板菜单中选择"存储动作"命令，将动作另存为 ATN 文件。这里保存动作为"ch09/ 效果 / 风景照处理 .atn"。

（5）打开新的素材文件"ch09/ 素材 / 素材 02.jpg"，在动作面板中选择"风景照处理"动作，单击"播放选定的动作"按钮 ▶ 。注意在执行录制好的动作时，如果有的动作需要手动操作，需要将动作名称前的复选框选中，如"裁剪"动作，如图 9-14 所示。如果需要加载 Photoshop 之外的动作，可以单击动作面板右上角的扩展按钮▤，在弹出的面板菜单中选择"载入动作"命令，将外部动作加载到动作面板内使用。

（6）动作执行完毕，图像处理的效果如图 9-15 所示。

图 9-14    图 9-15

# 9.4 自动化与脚本

## 9.4.1 批处理

如果说动作能够对单一对象进行某种固定操作，那么批处理的功能显然更为强大，它能够对指定文件夹中的所有图像文件执行指定的动作。例如，如果希望将某一个文件夹中的图像文件另存为TIFF格式的文件，只需要录制一个相应的动作，并执行"批处理"命令，为要处理的图像指定这个动作即可。执行"批处理"命令进行批处理操作的具体步骤如下。

（1）录制要完成指定任务的动作，选择"文件 > 自动 > 批处理"命令，弹出图9-16所示的"批处理"对话框。

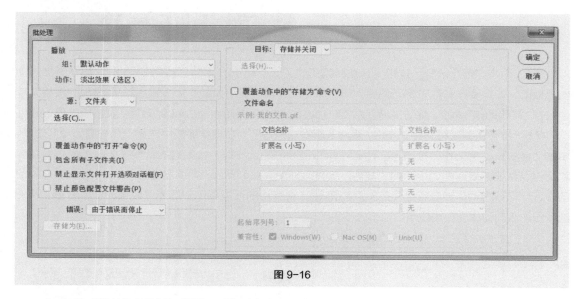

**图 9-16**

（2）从"播放"区域的"组"下拉列表和"动作"下拉列表中选择需要应用的动作所在的组及此动作的名称。

（3）从"源"下拉列表中选择要应用动作的文件，此下拉列表中各个选项的含义如下。

● 文件夹：此选项为默认选项，可以将批处理的运行范围指定为文件夹，选择此选项必须单击"选择"按钮，在弹出的"浏览文件夹"对话框中选择要进行批处理操作的文件夹。

● 导入：对来自数码相机或扫描仪的图像应用动作。

● 打开的文件：如果要对所有已打开的文件进行批处理操作，应该选中此选项。

● Bridge：对显示于"文件浏览器"中的文件应用指定的动作。

（4）勾选"覆盖动作中的'打开'命令"选项，动作中的"打开"命令将引用批处理中的文件，而不是动作中指定的文件名。

（5）勾选"包含所有子文件夹"选项，对指定文件夹中所有子文件夹包含的可用文件应用动作。

（6）勾选"禁止显示文件打开选项对话框"选项，将不会出现文件打开选项对话框。

（7）勾选"禁止颜色配置文件警告"选项，将关闭颜色方案信息的显示。

（8）从"目标"下拉列表中选择执行批处理命令后的文件所放置的位置，各个选项的含义如下。

● 无：选择此选项，使批处理的文件保持打开状态并不存储更改（除非动作包括"存储"命令）。

● 存储并关闭：选择此选项，将文件存储至当前位置，如果两幅图像的格式相同，则自动覆盖源文件，并不会弹出任何提示对话框。

● 文件夹：选择此选项，如图9-17所示，将处理后的文件存储到另一位置。此时可以单击其下方的"选择"按钮，在弹出的"浏览文件夹"对话框中指定目标文件夹。

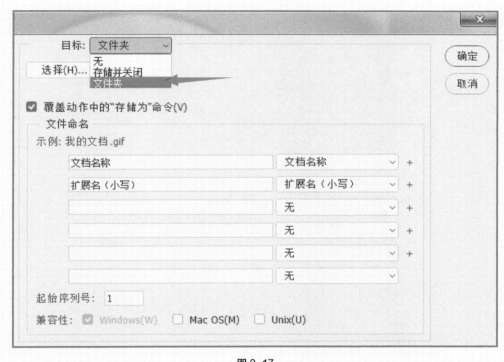

图9-17

（9）勾选"覆盖动作中的'存储为'命令"选项，动作中的"存储为"命令将引用批处理的文件，而不是动作中指定的文件。

（10）如果在处理指定的文件后，希望对新的文件进行统一命名，可以在"文件命名"设置区域设置需要设定的选项。如果在"目标"下拉列表中选择"文件夹"选项，则可以指定文件命名规范，并选择处理文件的文件兼容性选项。

（11）从"错误"下拉列表中选择处理错误的选项。该下拉列表中各个选项的含义如下。

● 由于错误而停止：选择此选项，在动作运行过程中如果遇到错误将中止批处理，建议不选择此选项。

● 将错误记录到文件：选择此选项，并单击下面的"存储为"按钮，在弹出的"存储"对话框中输入文件名，可以将批处理运行过程中所遇到的每个错误记录下来，并保存在一个文本文件中。

（12）设置完所有选项后单击"确定"按钮，则Photoshop开始自动执行指定的批处理动作。

在掌握此命令的基本操作后，可以针对不同的情况使用不同的动作完成指定的任务。

## 9.4.2 图像处理器

执行"文件 > 脚本 > 图像处理器"命令，能够转换和处理多个文件，从而完成以下各项操作。

● 将一组文件的文件格式转换为其他格式。

● 使用相同的选项来处理一组相机原始数据文件。

● 调整图像的大小，使之符合指定的大小。

具体操作如下所示。

（1）执行"文件 > 脚本 > 图像处理器"命令，弹出图 9-18 所示的"图像处理器"对话框。

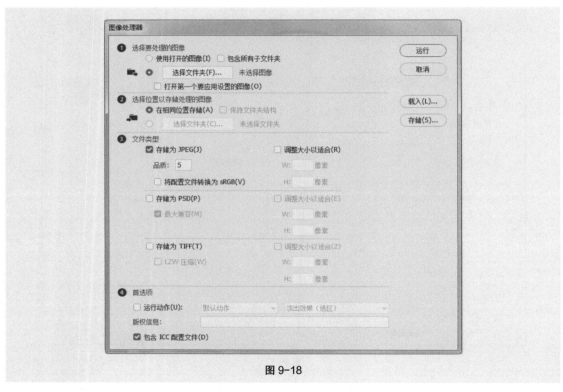

图 9-18

（2）选中"使用打开的图像"单选按钮，处理所有当前打开的图像文件；也可以单击"选择文件夹"按钮，在弹出的"选择文件夹"对话框中选择处理某一个文件夹中所有可处理的图像文件。

（3）选中"在相同位置存储"单选按钮，可以使处理后的文件保存在相同的文件夹中；也可以单击"选择文件夹"按钮，在弹出的"选择文件夹"对话框中选择一个文件夹，用于保存处理后的图像文件。

（4）在"文件类型"选区中选择要存储的文件类型和选项。在此区域中可以选择将处理后的图像文件保存为 JPEG、PSD、TIFF 格式中的一种或者几种。如果选择"调整大小以适合"选项，则可以分别在"W"和"H"数值框中键入宽度和高度数值，使处理后的图像符合此尺寸。

（5）在"首选项"选区中设置其他处理选项。如果还需要对处理的图像运行动作，则可以勾选"运行动作"选项，并在其右侧选择要运行的动作；如果勾选"包含 ICC 配置文件"选项，则可以在存储的文件中嵌入颜色配置文件。

（6）参数设置完毕后，单击"运行"按钮即可执行图像处理器。

# 9.5 课后习题——创建一组图像处理动作

素材位置："ch09/案例素材/素材03.jpg"。

设计要求：创建一组图像处理动作，有如下操作。

（1）将图像尺寸修改为 10 厘米 ×10 厘米，分辨率为 120 像素 / 英寸；

（2）使用"选择 > 色彩范围"命令，选中背景；

（3）反选，复制选区，形成新的不带背景的图层；

（4）隐藏背景图层；

（5）保存为 PNG 格式图像。

用创建的动作对图 9-19 所示的所有素材文件进行处理。

效果展示："ch09/效果/一组图像处理动作.atn、创建一组图像处理动作效果.psd"，如图 9-20 所示。

图 9-19

图 9-20

# 第 10 章

10

# 综合实战

▶ **本章导读**

　　本章在前面学习的基础上，进行综合实战训练。通过对两个综合案例的学习，读者可以增强对电影海报和产品画册设计的创意思维，掌握设计工作流程，提高 Photoshop 数字图像设计的综合实战能力。电影海报浓缩一部电影的精华于一张图片之中，具有很强的观赏性，对提升视觉表现力很有帮助；产品画册向人们展示宣传信息，具有一定的设计标准和规范，学习画册设计的规范和技巧具有现实意义。

**知识目标**

● 熟悉 Photoshop 工具的使用

● 掌握作品设计的工作流程

● 掌握图层、蒙版的灵活运用

**技能目标**

● 学习电影海报的设计方法

● 学会依据需求设计精美画册

● 理解艺术作品的创意和设计感

综合实战

## 10.1　电影海报设计

　　电影海报是电影前期宣传使用的一种重要手段，作为电影艺术的宣传品，其往往浓缩了一部电影的精华，有着深厚的文化内涵与艺术审美，具有很强的观赏性。一幅优秀的电影海报，设计师会借助图形、文字、色彩等形象化要素，在提升视觉表现力的同时表达自己对影片的理解，使电影海报不仅具有形式美，而且具备独特的艺术魅力。

　　在本案例中，我们利用所给的素材，合成一张图 10-1 所示的电影海报。

图 10-1

【设计思路】分析海报效果图和素材可以看出，本海报主要有两部分：前景，奔马和弓箭手合成的马身人面像；背景，包含了古堡、古龙、天空、高山、河流等图像元素，这些单独的元素可以采用不同的方法抠图得到。

合成海报一般遵循先背景后前景、自上而下、从左到右的设计顺序。合成可以在图层中完成，在合成时要注意各元素比例大小，以及远景、近景的比例透视。合成时要注意，不同素材之间的衔接应该自然、没有明显的接合痕迹。最后是海报颜色的调整，注意作品颜色的协调统一。

【案例学习目标】通过本案例的学习，掌握电影海报设计中人物、场景的合成技法，学会从全局的角度调整色彩，进而掌握电影海报的设计流程和方法。

【案例知识要点】使用快速选择、钢笔、橡皮擦、色彩范围等工具、方法抠图；图层的应用；色彩色调调整；滤镜的使用等。

【效果所在位置】ch10/ 效果 / 电影海报设计 .psd。

## 10.1.1　场景合成

扫码观看
本案例视频 1

（1）新建文件，文件名为"电影海报设计"，设置画面尺寸为 60cm×90cm、分辨率为 300 像素 / 英寸。

（2）将高山去色。打开高山素材"ch10/ 素材 / 素材 01.jpg"，使用"图像 > 调整 > 去色"命令将高山去色。按下"Ctrl+M"组合键，用曲线压暗色调并增加对比度。调整前后的效果如图 10-2 所示。按下"Ctrl+J"组合键，复制两个图层。把其中一个图层的天空背景去除备用，可使用快速选择工具去除天空背景，隐藏背景图层。

（a）原图　　　　　　　　　　　　　　　　（b）调整后

**图 10-2**

（3）合成高山背景。首先选中有天空背景的图层，按"Ctrl+T"组合键，对图层进行自由变换，水平翻转图层，并调整其大小，使图像缩放比例为 130%，将该图层置于底层，调整两个图层之间的相对位置。然后为两个图层分别建立图层蒙版，使用画笔工具在两个图层的连接处小心涂抹，使两座山连接得更自然。再选中两个图层，单击鼠标右键，在弹出的快捷菜单中选择"合并图层"命令。

最后拖曳处理好的高山素材图层至"电影海报设计"窗口中，按照场景所需的大小比例进行调整，使之占满整个画面，作为海报的背景，如图 10-3 所示。

图 10-3

（4）添加天空中的乌云。打开乌云素材"ch10/ 素材 / 素材 02.jpg"，如图 10-4 所示，发现天空太过鲜艳，与主题不够一致，首先降低其饱和度。选择"图像 > 调整 > 自然饱和度"命令，在弹出的"自然饱和度"对话框中设置自然饱和度为 -38，饱和度为 -58，如图 10-5 所示。降低饱和度后，将乌云素材拖曳至"电影海报设计"窗口中图层最上方，添加线性渐变蒙版，如图 10-6 所示。调整乌云图层的大小及位置，使乌云与高山背景自然融合，效果如图 10-7 所示。

图 10-4

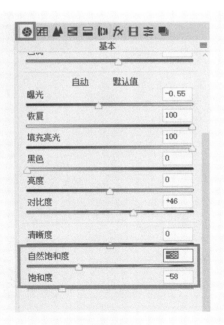

图 10-5

图 10-6
图 10-7

图 10-6

asd (95)

图层 3 拷贝

图层 1

背景

图 10-7

（5）添加城堡。打开城堡素材"ch10/ 素材 / 素材 03.jpg"，如图 10-8 所示。选择"图像 > 调整 > 色相 / 饱和度"命令，对图像进行调色，如图 10-9 所示。把卡通龙以及城堡后面的树林去除，保留城堡和草地。卡通龙可以使用污点修复画笔工具，选择大笔头 1 200 像素直接划过整个身体，一次消除，效果如图 10-10 所示。古堡后面的树林，因为边缘不够清晰、背景复杂，考虑到古堡的线条比较简单，所以使用钢笔工具抠图最合适，效果如图 10-11 所示。将处理好的城堡素材拖曳至"电影海报设计"窗口中适当位置并调整大小。

图 10-8

图 10-9

图 10-10                             图 10-11

（6）添加古龙。打开古龙素材"ch10/ 素材 / 素材 04.jpg"。素材的背景比较单一，抠图的手法也有很多，可以灵活运用，这里使用色彩范围抠图。执行"选择 > 色彩范围"命令，在弹出的"色彩范围"对话框中，用吸管吸取白色背景，颜色容差设为 96，如图 10-12 所示。单击"确定"按钮，关闭"色彩范围"对话框，然后使用"选择 > 反选"命令，选取古龙区域。选择移动工具，将所选区域拖曳到"电影海报设计"窗口中城堡上方适当的位置，调整大小，形成飞翔的姿态。

图 10-12

（7）添加河流。打开素材文件"ch10/ 素材 / 素材 05.jpg"，如图 10-13 所示，将该图像的饱和度降低。我们需要制作出河流往左侧流淌过城堡的效果，而素材中的河流是向右流淌的，因此对图像进行处理。按"Ctrl+J"组合键复制图层，按"Ctrl+T"组合键，对图层进行自由变换，水平翻转图层，并将河流旋转至合适的角度。为两个图层分别建立图层蒙版，使用画笔工具在两个图层的连接处小心涂抹，使两个图层连接得更自然。合并图层并将其拖曳至"电影海报设计"窗口中，调整大小和位置，建立图层蒙版，将图像上方多余的部分擦除，如图 10-14 所示，效果如图 10-15 所示。

图 10-13

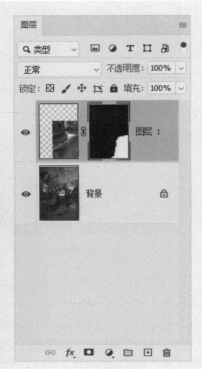

图 10-14

图 10-15

## 10.1.2　合成马身人面像

（1）为素材马抠图。打开素材文件"ch10/ 素材 / 素材 06.jpg"，使用魔术橡皮擦工具，在工具设置栏中设置容差为 10，勾选"消除锯齿"选项，图像擦除使用"连续"，设置不透明度为 100%，如图 10-16 所示。以魔术橡皮擦擦除背景后，锁定的背景图层自动变为"图层 0"，如图 10-17 所示。当然，也可以使用通道抠图的方法，详见第 8 章相关内容，此处不再赘述。

图 10-16

（2）为弓箭手抠图。打开素材文件"ch10/ 素材 / 素材 07.jpg"，如图 10-18 所示。因为采用的是蓝色背景，通道中颜色对比不明显，红、绿、蓝 3 个颜色通道显示如图 10-19 所示，所以采用通道抠图并不适合。这里使用魔棒工具和快速选择工具，配合背景橡皮擦工具抠图，效果如图 10-20 所示。

图 10-17

图 10-18

（a）红通道

（b）绿通道

（c）蓝通道

图 10-19

（3）完成人和马的融合。把抠好的人物和马的素材拖曳至同一文件中，按照适当的比例和位置放好，效果如图 10-21 所示。为两个素材图层添加图层蒙版，从而方便修改。先将人物多余的部分用低透明度的橡皮擦或者画笔工具擦除（注意一定要在蒙版中进行操作），可以反复多擦几次，效果如图 10-22 所示。

图 10-20      图 10-21

（4）擦除多余的马头。使用钢笔工具，沿着肚皮的边缘勾选整个马头，用"Ctrl+Enter"组合键将路径转换为选区，柔化边缘，使用橡皮工具擦除马头，保证人身和马身衔接处自然。最终效果如图 10-23 所示。

图 10-22      图 10-23

（5）使用液化滤镜将人物的耳朵变形。执行"滤镜 > 液化"命令，在打开的对话框中，使用向前变形工具，沿着耳朵中心向左上拖曳，形成尖耳朵效果，鼠标移动方向和效果如图 10-24 所示。

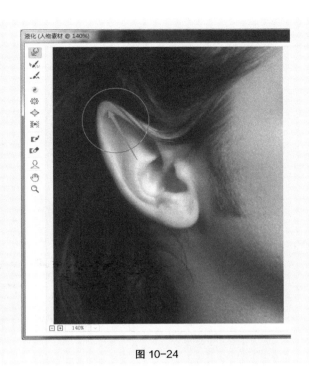

图 10-24

（6）将马的身体和弓的色彩饱和度降低以匹配背景。使用"Ctrl+U"组合键调出"色相/饱和度"对话框，如图 10-25 所示，选择"红色"通道，设置饱和度为 -40，得到图 10-26 所示的效果。

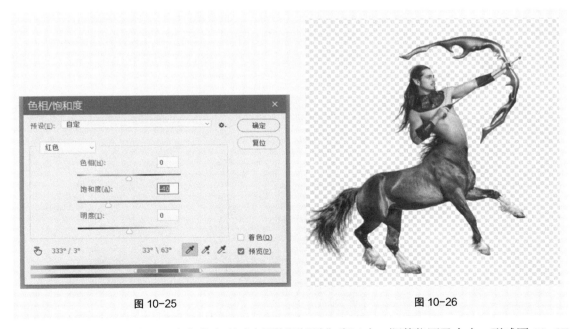

图 10-25　　　　　　　　　　　　　　　　　　　图 10-26

（7）把合成好的人头马身像拖曳到"电影海报设计"窗口中，调整位置及大小，形成图 10-27所示的效果。

图 10-27

## 10.1.3 色彩校正

扫码观看
本案例视频3

（1）合成后的画面颜色看起来较为杂乱，整个海报的色调也不够复古和厚重。下面使用"匹配颜色"工具来模仿其他电影海报色调。打开想要模仿的3张海报素材文件"ch10/素材/素材 08.jpg、素材 09.jpg、素材 10.jpg"，如图 10-28、图 10-29、图 10-30 所示。

图 10-28

图 10-29

图 10-30

（2）合并"电影海报设计"窗口中的所有图层，选择"图像 > 调整 > 匹配颜色"命令，弹出"匹配颜色"窗口，在"源"的下拉列表中选择想要匹配颜色的文件名称，这时目标图像颜色发生改变。

（3）在"源"中选择"素材 08.jpg"图像，调整图像选项各参数值：明亮度 112、颜色强度 60、渐隐 73，得到的效果如图 10-31 所示。

图 10-31

（4）在"源"中选择"素材 09.jpg"图像，调整图像选项各参数值：明亮度 46、颜色强度 53、渐隐 55，得到的效果如图 10-32 所示。

图 10-32

（5）在"源"中选择"素材 10.jpg"图像，调整图像选项各参数值明亮度 35、颜色强度 47、渐隐 44，得到的效果如图 10-33 所示。

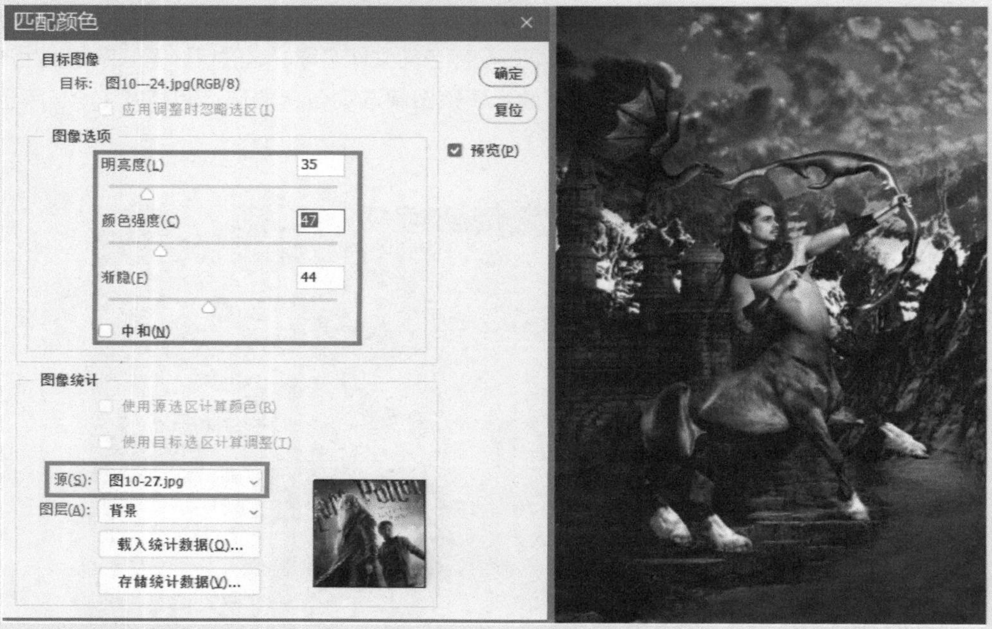

图 10-33

（6）从以上 5 种效果中选择更符合设计要求的一种，图 10-32 所示的图像色调更具有古典和厚重的感觉，因此本案例选择使用素材 09.jpg 匹配的结果作为最终效果。

# 10.2 产品画册设计

画册，作为公关交往中的广告媒体，通过将图片、文字、色彩、空间等要素进行巧妙的组合，向人们展示宣传信息。 画册的类型有很多，如企业画册、招商画册、食品画册、药品画册、房产画册、服装画册等。在画册设计中，除了对画面、色彩的表现之外，字体设计也是非常重要的部分。字体艺术化设计，可使文字形象变得情境化、视觉化，对画册品质和视觉表现力有极大的提升作用。设计画册时必须注意内容的规范，学习画册设计的规范和技巧具有现实意义。

【设计思路】本案例的产品画册设计包含封面封底设计、目录设计和内页设计，在设计时先设计好封面和封底的样式，统一设计风格。内页设计注意运用段落文字工具、变换工具对元素进行组合，最后对细节做进一步完善即可。在整个画册设计过程中，应该着重分析产品要表现的属性，运用恰当的表现形式、创意来体现产品的特点。

【案例学习目标】掌握画册设计的创意思路、工作流程和画册的排版方法；掌握文字处理工具和文字设计技巧；灵活掌握图层的实际应用。

【案例知识要点】矢量绘制、点文字、段落文字的排版编辑。

【效果所在位置】ch10/ 效果 / 产品画册设计 / 画册封面封底、目录页、内页基础模板、内页 1~ 内页 5.psd。

## 10.2.1　封面封底设计

（1）新建 CMYK 颜色模式的文件。选择"文件 > 新建"命令，将文件命名为"画册封面封底"，设置图像尺寸为 42.6cm×29cm、分辨率为 300 像素 / 英寸、颜色模式为 CMYK、背景颜色为白色，如图 10-34 所示，单击"创建"按钮生成文件。

扫码观看
本案例视频 1

（2）定位参考线。选择"视图 > 新建参考线"命令，在弹出的"新建参考线"对话框中选择"垂直"选项，设置"位置"为 50%，如图 10-35 所示，在图像中间画出中心垂直参考线。按下"Ctrl+R"组合键，显示标尺，用鼠标分别从上往下、从左往右拖曳出四周 3 毫米的出血线，如图 10-36 所示。

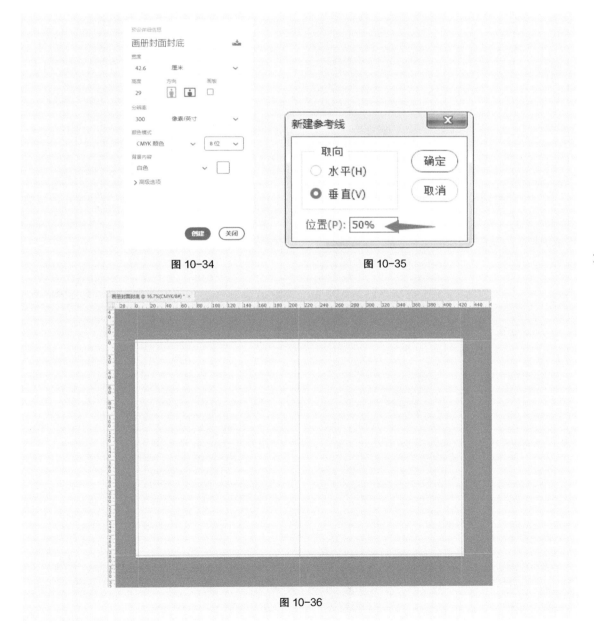

图 10-34　　　　　　　　　　　　　　图 10-35

图 10-36

（3）绘制打底。设置前景色为淡黄色（248、249、218），选择矩形工具，在工具选项栏中选择"像素"模式，画出图10-37所示的4个矩形，作为版面分栏，在封面中起打底效果，中间预留出中缝位置。

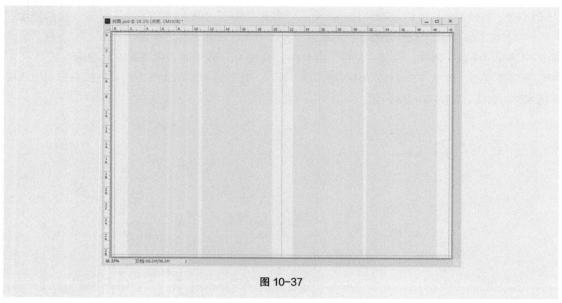

图 10-37

（4）版面构图。设置前景色为灰色（207、209、208），选择矩形工具，在工具选项栏中选择"像素"模式，单击"路径选项"的小三角，选中"方形"单选按钮，绘制灰色正方形。用同样的方法，设置前景色为黄色（223、197、72），绘制2个小正方形，效果如图10-38所示。

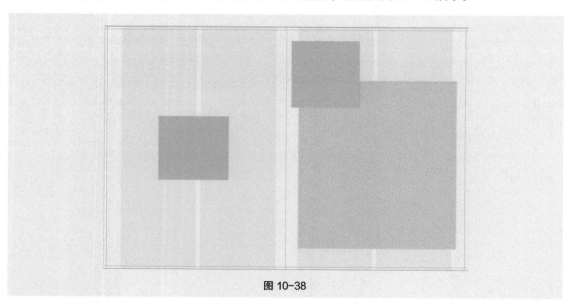

图 10-38

（5）添加文字。选择横排文字工具，在工具选项栏设置参数如图10-39所示，添加文字"Fine food"。用同样的方法添加其他文字，并用移动工具，调整文字至合适位置。详细的操作可以参看第6章文字设计的内容，此处不再赘述，最后的效果如图10-40所示。

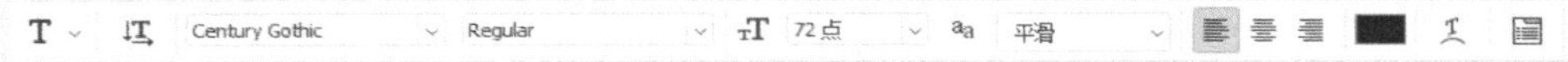

| T | ˅ | ↓T | Century Gothic | ˅ | Regular | ˅ | ⊤T | 72点 | ˅ | aa | 平滑 | ˅ | | | | | | |

图 10-39

图 10-40

（6）打开素材文件"ch10/素材/素材11.jpg"，拖曳其至画布适当位置，按下"Ctrl+T"组合键，调整图片大小，在图层面板中通过鼠标拖曳调整图层的顺序，效果如图10-41所示。保存文件。在设计封面时，注意封面应尽量选用内容少而简洁的图像，并注意图像颜色与封面色彩的搭配风格一致。

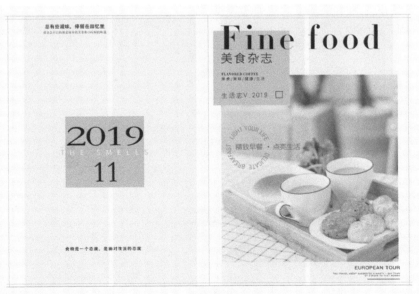

图 10-41

第10章 综合实战

153

## 10.2.2　目录设计

（1）制作目录。按照封面封底设计步骤 1~3 所述方法，新建文件"目录页"，并进行版面分栏。然后使用文字设计工具添加目录文字。设置前景色为灰色（207、209、208），选择直线工具，在工具选项栏中选择"像素"模式，设置粗细为 10 像素，按住"Shift"键的同时用鼠标绘制装饰线条，效果如图 10-42 所示。

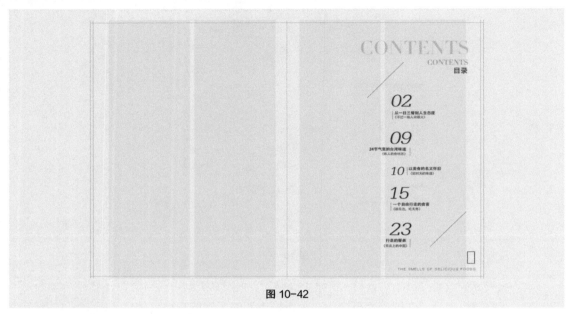

图 10-42

（2）添加图片素材与文字点缀。打开素材文件"ch10/ 素材 / 素材 12.jpg"，拖曳其至画布适当位置。添加文字点缀，根据素材颜色调整点缀背景色和文字颜色，如图 10-43 所示。

图 10-43

（3）在中缝位置添加阴影。新建"阴影图层"，单击工具箱中的矩形选框工具，沿着中缝参考线向左拉出一个矩形选区，覆盖住左边画面。设置前景色为黑色，使用"Alt+Backspace"组合键填充选区为黑色，在"图层"面板中设置不透明度为30%，如图10-44所示。

图 10-44

（4）为阴影图层添加矢量蒙版。选中当前阴影图层，在图层面板底部单击"添加矢量蒙版"按钮，为阴影添加蒙版。在工具箱中选择渐变工具，在工具选项栏中选择"前景色到背景色渐变"类型，单击"线性渐变"按钮，如图10-45所示。在蒙版中自左向右拉出矩形渐变，如图10-46所示。添加阴影后的效果如图10-47所示。保存文件。

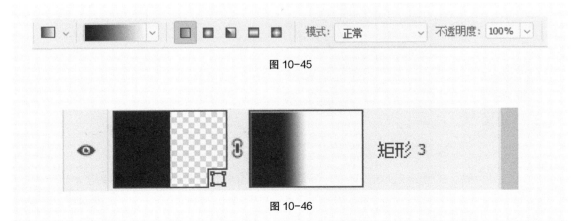

图 10-45

图 10-46

图 10-47

### 10.2.3 内页设计

（1）新建内页。依然按照封面封底设计步骤 1~3 所述方法，新建空白文档"内页 1"，并进行版面分栏。根据分栏位置添加文字，如图 10-48 所示。

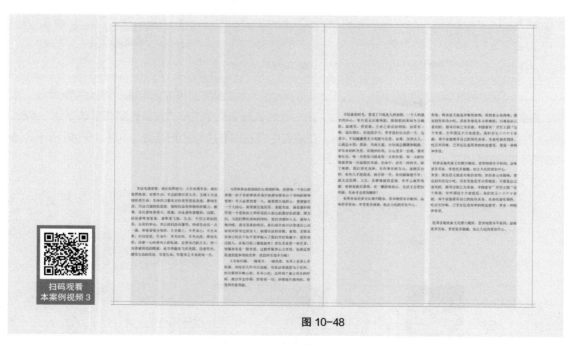

扫码观看
本案例视频 3

图 10-48

（2）设计页码。在画册或杂志设计中，页码位置是不变的，风格也是相同的，为了与目录统一，我们的页码设计也选用斜线设计，如图 10-49 所示。由于画册的页码较多，为了方便管理，可以对页码进行分组。单击"图层"面板底部的"创建新组"按钮，默认创建一个名为"组 1"的分组，重命名其为"页码"，将所有的页码图层放置于此。也可以用同样的方法创建"分栏"分组，用于存放分栏信息，如图10-50所示。

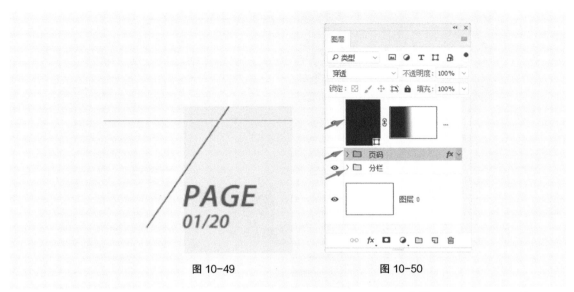

图 10-49　　　　　　　　　　图 10-50

（3）内页版式设计。利用多样和随意的设计确定版式形式，预留色块，如图10-51所示，具体色块的设计参看封面封底设计步骤4。

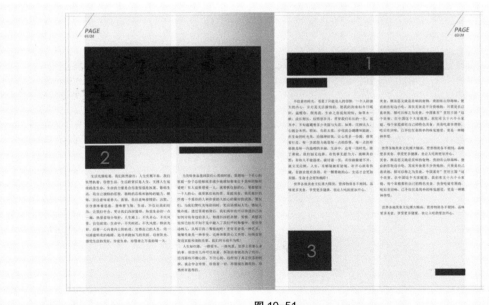

图 10-51

（4）添加色块处的内容。可以先添加正标题和副标题，如在图10-51的"色块1"处添加标题"FOOD AND BEAUTY"，副标题"DELICACY"。然后添加相应的文字或者图像，如在图10-51的"色块2"处添加文字"30℃"，在"色块3"处添加水果图像。添加内容后隐藏相应的色块，读者可以参考图10-52自行设计。

图 10-52

（5）完成一个内页设计。给文章配图，添加修饰线条。单击图层面板中"分栏"图层组左侧的眼睛图标隐藏分栏，按下"Ctrl+ H"组合键，隐藏参考线，效果如图 10-53 所示。

图 10-53

（6）复制一份已经设计好的内页，将不相关的内容删除，保留最基本的内容，保存其为"内页基础模板 .psd"，如图 10-54 所示。后面的设计可以直接在此文件基础上填充内容。

（7）按照同样的方法设计内页 2 ~内页 5，效果如图 10-55 所示。

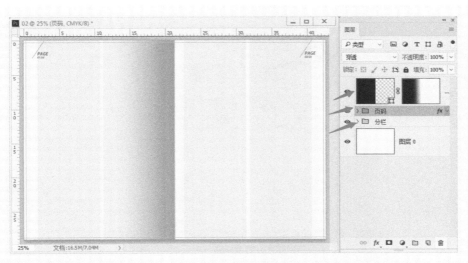

图 10-54

图 10-55

## 10.3 课后习题——设计制作二十四节气海报

素材位置：ch10/ 习题素材 / 素材 101~108.png。

设计要求：利用所给素材，如图 10-56 所示，设计单张尺寸为 60cm×90cm，分辨率为 72 像素 / 英寸的竖版二十四节气海报。

效果展示："ch10/ 效果图 / 系列海报 01~04.psd"，如图 10-57 所示。

扫码观看
本案例视频

图 10-56

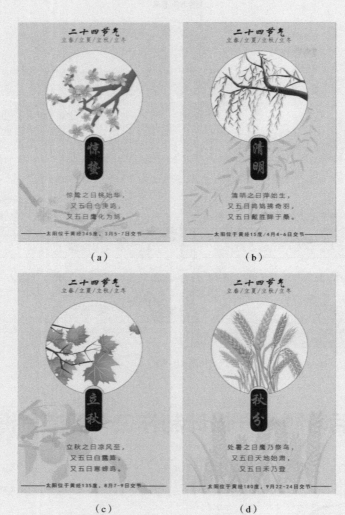

（a）　　　　　　　　　　　（b）

（c）　　　　　　　　　　　（d）

图 10-57